JN234016

新コロナシリーズ ㊻

廃棄物とのつきあい方

鹿園直建 著

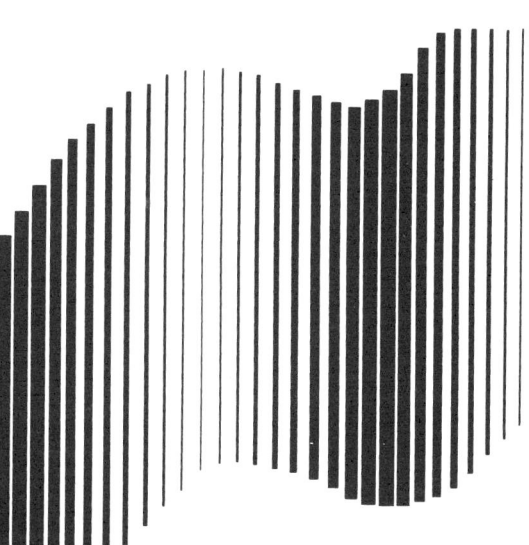

コロナ社

まえがき

最近、廃棄物に関する本が多く出版されています。その多くは、廃棄物問題の現状について述べたり、廃棄物のリサイクリングや処理・処分をするにはどうしたらよいか、といった内容に関するものです。筆者は、地球における物質の循環について調べる地球システム科学・地球化学という学問を専門にし、研究をしてきました。本書では、この専門の立場から、従来とは視点をかえて廃棄物について考えてみます。また、廃棄物というものを通して、地球についてみてみます。すなわち、廃棄物が処理・処分され、地球環境にでていった後の動きを中心にみます。多くの廃棄物は地球環境へ移動し、そこで変化し、生物・人間へ影響を与えるのです。例えば、いま大問題になっている環境ホルモンの問題は、人間がさまざまな化学物質を自然界に放出し、生物が悪影響を受けている問題です。この化学物質を出さないという問題ではなく、出した後に自然界で起こっている問題です。したがって、この現象を把握することがたいへんに重要なのです。

本書は、廃棄物というミラーによって地球と人間について知り、二十一世紀の人間社会のあり方について考えるという目的で書かれました。本書では、廃棄物のみが悪者であるとは考えていません。むしろ、人間が廃棄物および地球と長期にわたって平和共存するにはどうしたらよいか、という視点で考えています。

廃棄物問題を解決する方法として、(1) 廃棄物の撲滅、(2) 廃棄物の再利用、(3) 廃棄物の自然界での変化、の三つがあげられます。(1)、(2)がいま、普通にとられている方法です。ここでは、これらの方法の限界を示します（第2章）。つぎに(3)の方法について考えます（第3章）。(1)、(2)は、比較的短い時間で効果がある方法ですが、(3)は長い時間をかけて効いてくる類のものです。

多くの廃棄物はダイオキシンのように猛毒ではなく、排出を完全に抑制する必要もありません。むしろ、廃棄物を地球の一部とみなしたほうがよい場合もあるでしょう。従来は、廃棄物の多くを大気や水へ排出したりしてきました。このようなことをすれば、生物へとすぐ移動し、さらに人間も汚染されてしまうでしょう。ところが、人間からかなり離れた地中や地層中に処分し、隔絶すれば、移動するのに非常に長い時間がかかり、その間に変化・消滅・固定化される場合もあります。ここでは、この廃棄物の地下への処分に焦点を当てたいと思います（第3章）。

以上の議論をもとにして、第4章では二十一世紀の人間社会システムのあり方について考えます。従来の即効的な短い時間の対処法ではなく、深部の地下をも含めた地球との共存を図り、長い時間スケールでの人間社会システムのあり方を考えます。

二〇〇一年十月

鹿園　直建

もくじ

3 廃棄物の地球システム内での動き

4 二十一世紀の人間社会システムを考える

1　廃棄物とは

廃棄物問題を考えるとき、まず、廃棄物とはなにかを定義し、そして分類する必要があると思います。ところが、このことは、それほど簡単ではありません。それは、見方によって定義と分類法が変わってくるからです。

廃棄物の定義と分類の仕方として大きく二つのやり方があると思います。すなわち、(1) 人間社会を中心にみた定義と分類、(2) 自然システムを中心にした定義と分類です。以下では、これらの違いについてみてみましょう。

人間社会からみた廃棄物

通常は、人間社会を中心にとらえて廃棄物を定義し、分類します。これもさまざまな観点から分類することができます。例えば、①気体・液体または固体なのかという物理的性質、②廃棄物のもたらすリスクの種類、③有害性（可燃性、毒性など）の種類、④一般廃棄物・産業廃棄物などの廃棄物の発生源の違い、という分類があります。また、「廃棄物の処理及び清掃に関する法律」（廃棄物処理法）においては、「廃棄物」とは、ごみ・粗大ごみ・燃え殻・汚泥・糞尿・廃油・廃酸・廃アルカリ・動物の死体・その他の汚物または不要物であり、固形状、または、液状のもの（放射性物質およびこれによって汚染されたものを除く）をいうことになっています。

ここでは、廃棄物を産業廃棄物と一般廃棄物に分けます。そして、そのものの違いにより、それぞれの廃棄物をさらに分類します（図1）。それぞれの廃棄物は以下のように定められています。

産業廃棄物：事業活動で生じた廃棄物のうち、法で定められた6種類の廃棄物と政令で定められた十三種類の合計十九種類の廃棄物（図1の(4)から(22)）。

一般廃棄物：産業廃棄物以外の廃棄物（図1の(1)、(2)、(3)）。

特別管理廃棄物：一般廃棄物または産業廃棄物のうち、爆発性・毒性・感染性または生活環境にかかわる被害を生じる恐れがある性状を有するもの（揮発油類、灯油類、pH二・〇以下の酸性廃液、pH一二・五以上のアルカリ性廃液、特定有害産業廃棄物など）。

一般的には、このように、廃棄物というとおもに液状のもの、固形状のものをさし、このほかのガス・熱・放射線については考えていません。われわれが〝廃棄物〟と聞いたとき、まず目に浮かべるのは固形のものです。一方、熱・放射線は目ではよくわからず、またその被害もあまりはっきりしない場合が多いので、普通の人は、これらが廃棄物であるという意識をもっていません。

上の分類では、産業活動から生じるものと、普段の生活から生じるものと分けているのですが、これは、人間社会の仕組みと密接に関連しています。しかし、この分類法は大雑把で、産業にも農業・漁業・林業・工業・サービス業とさまざまあり、それぞれの産業から生じる廃棄物は異なります。しかし、普通は農業廃棄物・漁業廃棄物・畜産廃棄物・工業廃棄物というように、産業廃棄物

一般廃棄物

(1)ごみ
(2)粗大ごみ
(3)し尿

産業廃棄物

(4)燃えがら
(5)汚泥
(6)廃油
(7)廃酸
(8)廃アルカリ
(9)廃プラスチック
(10)紙くず
(11)木くず
(12)繊維くず
(13)動物性残渣
(14)ゴムくず
(15)金属くず
(16)ガラスおよび陶磁器くず
(17)鉱滓
(18)コンクリートの破片等建設廃材
(19)動物のふん尿
(20)動物の死体
(21)ばいじん類
(22)上記の産業廃棄物を処理したもの

図1　日本における廃棄物の分類

を細分する方法はとられていません。人間社会におけるものの流れからみると、このようにしたほうがよいとも思いますが、このような分類がされることはありません。

なお、廃棄物では、特に有害性が問題となりますので、これをもとにして、特定有害産業廃棄物が指定されています。これには、廃ＰＣＢ、ＰＣＢ汚染物、廃石綿などがあります。

自然システムからみた廃棄物

廃棄物を〝人間にとって不要なもの〟と幅広く定義をすれば、通常の固形や液体の廃棄物だけでなく、人間社会から生じるガス・熱・放射線も廃棄物といえます。しかし、放射線についていえば、放射能をおびたものが問題となります。廃熱にしても、熱を出すものが問題です。

ところで、人間によってこれらの廃棄物が自然界に放出されるのですが、この放出先はどこでしょうか。これには大きくいって三つあるといえます（図２）。図２の①は、人間社会から大気へ放出される廃棄物です。例えば、二酸化炭素・二酸化硫黄・酸化窒素・フルオロメタンといったガスが人間社会から大量に放出されています。これらによって、大気全体が汚染され、グローバルな問題を引き起こします。例えば、温暖化問題・酸性雨問題・オゾン層破壊の問題がそうです。これらの問題は、国境を越えた地球規模のグローバルな問題であるために、普通は、廃棄物問題とはいわ

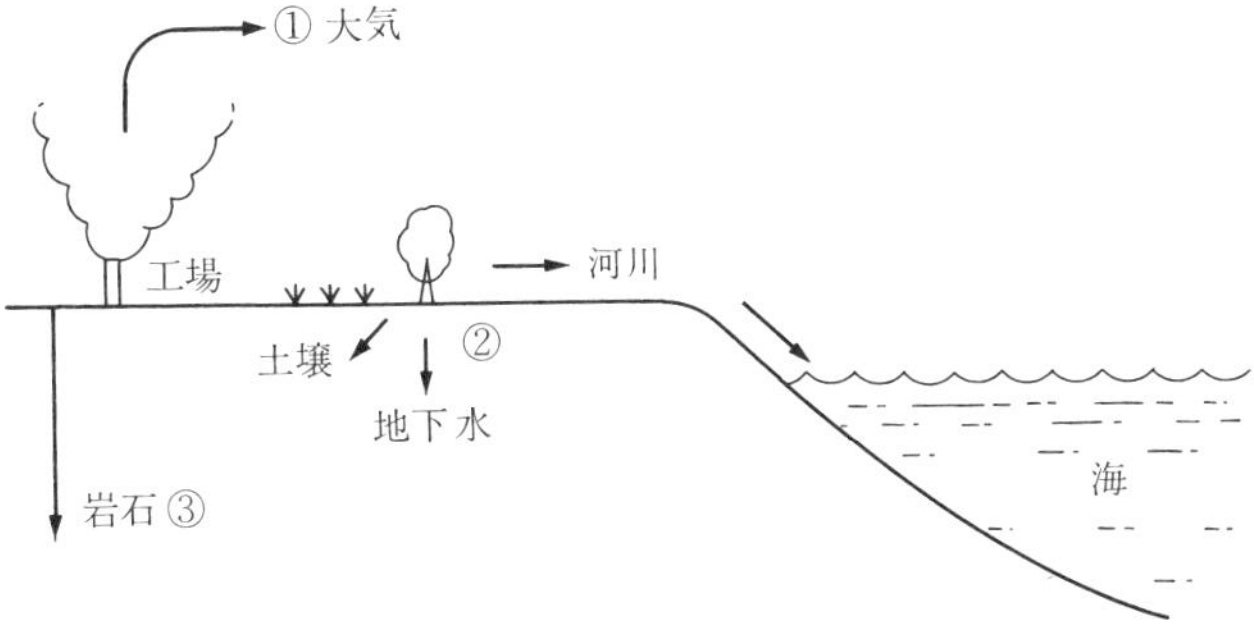

図2　自然システム（廃棄物の放出先）を中心にみた廃棄物の分類

表1　自然システムを中心にみた廃棄物の分類

①	大気：CO_2，SO_2，NO_x ダイオキシン
②	水，土壌，生物：一般廃棄物，産業廃棄物，有害有機物，有害重金属，環境ホルモン，農薬，肥料，殺虫剤，焼却灰
③	岩石（地層，地中）：放射性廃棄物，CO_2

ず、地球環境問題と呼ばれています。しかし、廃棄物焼却処理場から出るダイオキシンなどの有害有機物については、地球規模の問題とはなっていません。おもに焼却炉付近の汚染が問題となっているのであり、通常の廃棄物問題です。地球環境問題とはいいません。しかし、これらの有害有機物による環境破壊は局所的な問題だけではなく、国境を越えたグローバルな問題にもなってきているものもあります。すなわち、国境を越えて、有害有機物の投棄量が増えてきています。したがって、この問題は地球環境問題ともいえるのです。このように、現在では、この廃棄物問題と地球環境問題を明確に区別することが難しくなっているのです。

廃棄物問題では、通常、ガスの排出については考えませんが、この問題を二酸化炭素ガスなどを除いた問題としてとらえることはできません。それは、例えば、廃棄物の処理をするときにはエネルギーが必要で、その際二酸化炭素が大量に出てくるからです。

人間社会から放出された有害ガスは、大気へ放出された後、ずっとそこに同じ形でとどまってはいません。海・森林・海生生物・陸生生物・土壌・岩石により吸収されたり、分解されていきます。

つぎに、②の土壌や水に放出される廃棄物について考えてみます。私たちは通常これらを廃棄物と呼んでいます。これには、廃棄物処分場に捨てられるものや廃棄物焼却炉から放出され、焼却炉近くの大気・水・土壌・生物を汚染するものがあります。おもな有害物質は、有害有機物・重金属ですが、具体例は表1に示しました。廃棄物処理場・処分場から出てくる汚染物質以外に、肥料用として、土壌にまかれたものや、工場排水・生活排水など、水の中に含まれ、環境汚染を起こすものもあります。土壌にまかれた肥料や農薬は、植生育成用として用いられるもので、これらを通常廃棄物とはいいません。しかし、大量に肥料をまけば、環境破壊を起こすこともあります。したがって、これらは汚染物質でもあるのです。

③は、地下に廃棄されるものです。正確にいいますと、これらはまだ地下に処分されていませんので、「地下に廃棄が計画されているもの」といったほうがよいでしょう。この処分法を地中・地層処分といいます。地中処分は、地表近くの土壌および地表から浅いところの岩石中に処分場をつくり、そこに廃棄物を処分する方法です。地層処分というのは、もっと深いところにある岩石中への処分をさします。この方法は、放射性廃棄物などきわめて毒性の強い廃棄物に対して、人間や生物から長い間隔離するという目的で行われます。いまのところまだ処分の実施はされていません。それは、さまざまな問題があるためですが、詳しい内容は第3章で述べられます。

本書では、以上の分類（図2、表1）に基づいて、①、②、③の廃棄物の自然界における動きや廃棄物と大気・水・土壌・岩石・生物との間の相互作用について考えてみます。そして、この相互作用の仕方は、①、②、③により異なること、相互作用によって、廃棄物が浄化（分解・消滅・変化）される場合もあり、また逆に環境悪化を引き起こす場合もあり、このプロセスは、廃棄物によって異なることを示します。

以上、廃棄物を三つに分類しましたが、これは廃棄物が放出された場所による違いをもとにしています。すなわち、① 大気、② 水・表層土壌、③ 岩石・浅層土壌です。放出先は、①、②、③であっても、それからは異なるところにいきます。

このように、廃棄物は地球システム内で絶えず移動し、相互作用をします。廃棄物だけでなく、それと相互作用する地球システムをつくるさまざまな物質も移動し、おたがいに相互作用をしています。したがって、廃棄物の動きや変化を知るには、地球システムの物質がどういうものであり、どのような動きをし、どのような相互作用をしているのかについても知らないといけないということがいえます。したがって、以下では、この地球システムの簡単な説明を致します。

地球システムとは

地球システムとはどのようなものからできていて、地球システム内でどのような物質と熱の移動が起こり、構成要素間の相互作用がどのようなものか、を研究する学問を〝地球システム科学〟といい、近年特に発展してきました。以下では、この地球システム科学の概要を述べさせていただきます。

図3に示しますように、地球システムを大気圏・水圏・岩石圏（地圏）・生物圏・人間圏という五つのサブシステムに分けることができます。これらのサブシステム間では、絶えず物質と熱のやりとりがなされています。そして、それぞれのサブシステムは時間とともにその状態を変えていま

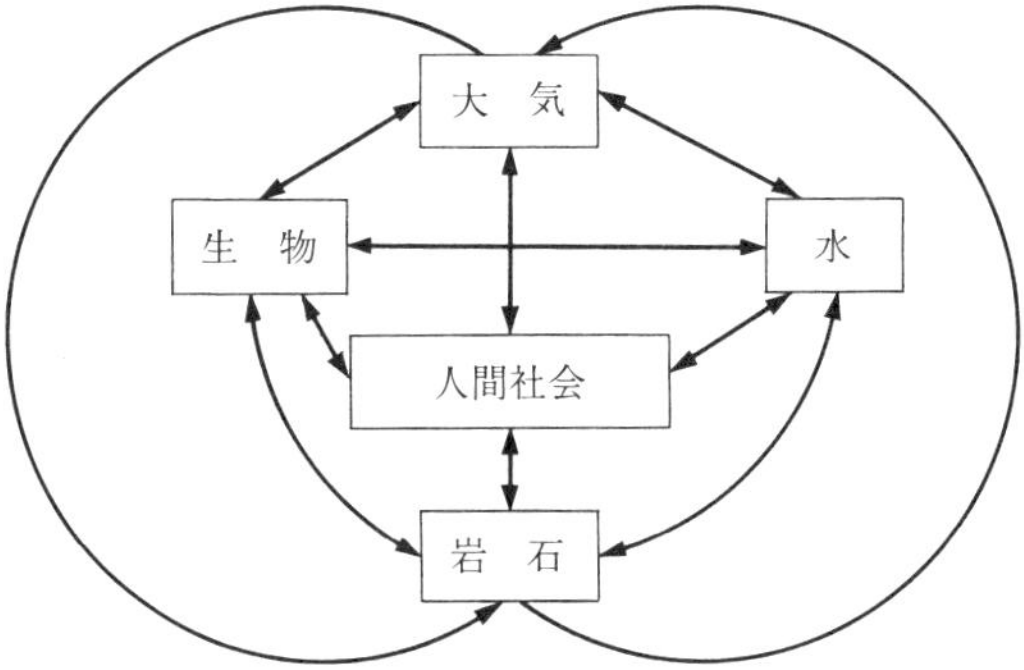

図3　地球システムのサブシステムとサブシステム間の相互作用

す。他のサブシステムに対して，物質と熱に関して開いている（おたがいにやりとりをしている）という点が地球システムの最も大きな特徴といえます。人間圏は地球システムの一部ですが，人間圏も他のサブシステムに対して開いています。人間圏は，地震・火山の噴火といった自然災害を受けます。岩石圏などから多くの天然資源を取り入れています。そして，廃棄物を他のサブシステムへと捨てています。このように，物質と熱に関して開いていることによって人間圏や生物圏の安定性が保たれているのです。人間が廃棄物を放出したとき，この廃棄物と他のサブシステム間では必ず相互作用が起こります。また，人間圏に廃棄物を閉じ込め，他のサブシステムや人間との間に相互作用を起こさないようにすることはたいへんに難しい作業です。この問題については，第3章で考えることにしましょう。

人間圏と生物圏はまわりの環境と絶えずさまざまな相互作用をしているのですが，どのような相互作用をしているのでしょうか。なぜさまざまな相互作用をしているのでしょうか。それは，人間圏と生物圏が流体地球（大気・水）と固体地球（地殻・マントル・コア）の境界部に存在しているからです。固体地球は地球全体の大部分を占めていますが，大気や水と接している部分は，地殻上部の地表近くだけに限られます。この境界部では，大気・水・固体地球がおたがいに接し，さまざまな現象が生じています。例えば，水は海水から蒸発し，雲となり，雨となり地表に降り注ぎ，地表を風化し，地下に浸み込み，地下水となったり，河川水となり，再び海洋へと流れていきます。

このような水循環により気候は大きく影響を受け、地形も長い時間をかけて変化していきます。この水の循環があるので、生物・人間も生きていくことができるのです。この地球の表層環境は、このような表層部で起こっている現象だけではなく、地球内部に起こった現象によっても大きな影響を受けます。例えば、地震や火山噴火によって人間は大きな被害を受けています。火山噴火が起こり、火山ガスが大気へいき、二酸化炭素により温暖化が起こり、環境変動も起こっています。

狭義と広義の地球環境

このように、人間や生物はまわりの環境により大きな影響を受け、また、影響を与えています。この環境のことを〝地球環境〟と呼んでいます。ところで、普段何気なく呼んでいる、この地球環境とは、いったいどのような意味でしょうか。通常は、人間のまわりにある環境という意味で、大気・水・土壌・生物全体を地球環境と呼んでいると思います。しかし、地球を構成しているのはこれらだけではありません。土壌の下には岩石があり、この岩石は地殻・マントル・コアから構成されています。この地殻やマントルで起こった現象（地震や火山）によって、人間や生物は大きな影響を受けます。このマントルは、コアによって大きな影響を受けています。したがって、人間や生物の環境として、コア・マントル・地殻を考える必要もあります。しかし、地震や火山噴火は時間の切れ目なく起こっている現象ではありません。突発的に起こる現象です。また、地球全体で起こるグローバルな現象ではありません。しかし、非常に長い時間を考えれば絶えず起こっている現象ともみなせます。例えば、火山噴火によって放出された二酸化炭素が大気の温暖化をもたらし、気候変動に大きな影響を与えています。したがって、考える時間スケール（尺度）と空間スケールによって話が大きく異なってきます。なにも現在および近い将来の地球環境だけを取りあげなくても

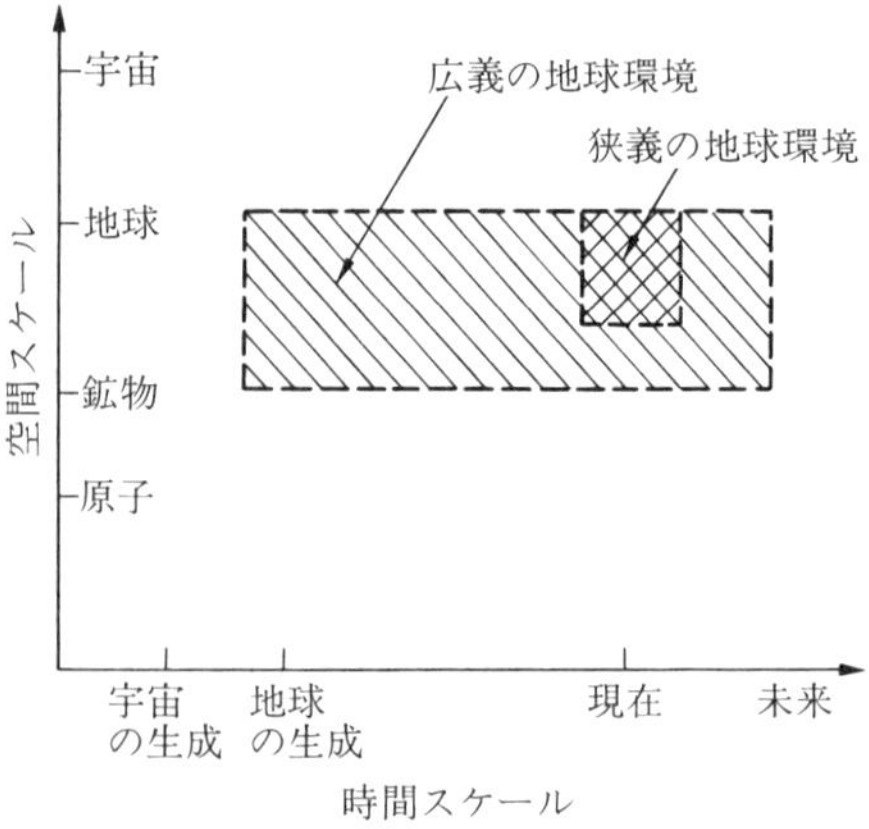

図4　時間—空間ダイヤグラムにおける狭義と広義の地球環境

よいのです。私はこの短い時間スケールと小さい空間スケールの地球環境を〝狭義の地球環境〟と呼び、長い時間スケールと大きい空間スケールの地球環境を〝広義の地球環境〟と呼びました（図4）。この時間−空間スケール図のどのくらいの範囲について、自分がいま考えているのかを認識しておくことが大切です。一般に廃棄物問題というと、ごくローカル（局所的）な話に限られます。しかし、このような短い時間スケールで空間的にもローカルな現象が、じつはもっと長い時間スケール・グローバルな現象と密接な関係があるのです。本書では、おもに〝狭義の地球環境〟を扱いますが、グローバルな視点からも廃棄物問題をとらえてみたいと思っています。

資源と廃棄物の関係

人間は地球システムから天然資源をとりいれ、製品化・分配・消費し、廃棄物が発生します。天然資源にはいろいろあり、人間社会に入ってさまざまなプロセスを経て廃棄物となります。天然資源の種類によりプロセスは異なり、でてくる廃棄物が異なります。図2では、人間社会からの放出先をもとに、廃棄物を分類しましたが、以下ではこの天然資源と廃棄物の関係をみてみましょう。

天然資源の分類を図5に示しました。ここでは地球システムのサブシステムの違いで、まず、天然資源を分類しています。すなわち、大気・水・土壌・鉱物・生物資源に分けました。これらの資

- エネルギー資源
  - 化石燃料(石油，石炭，天然ガス，オイルシェール)
  - 放射性物質
  - 地熱
  - 太陽熱・太陽光
  - 水(水力)
  - 風(風力)
  - バイオマス(燃料木，林産加工廃棄物，都市ごみ)
- 鉱物資源
  - 金属
  - 非金属
- 生物資源
  - 食糧(農作物，畜産物，水産物)
  - 森林(森林生態系も含む)
- 水資源
- 土壌資源

図5　地球資源の分類

再生資源

生物（農業，林業，畜産，漁業）
水（生活，農業，工業，発電）
太陽エネルギー
核融合

非再生資源

化石燃料（石炭，石油，天然ガス）
原子力（ウラン）
金属，非金属

図6　再生資源と非再生資源

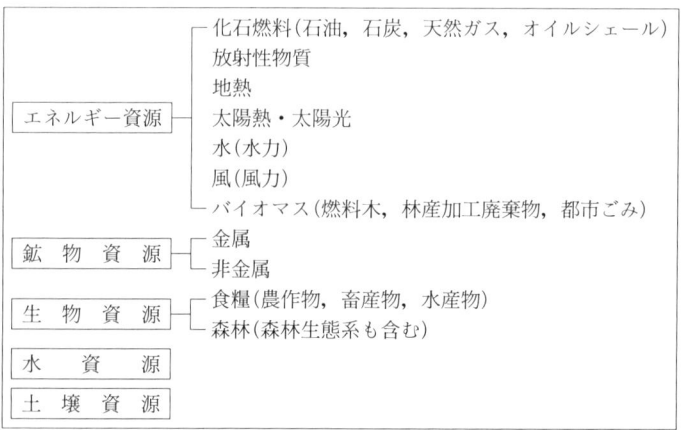

源をさらに細分することができます。この細分は、ここでは地球のサブシステムと関係させて行っている場合もありますが、異なる基準で細分している場合もあります。例えば、金属資源は、鉱床の出来方（成因）をもとに区分してあります。非金属資源と水資源は使用用途に応じて分類しています。例えば、水資源は生活用・農業用・工業用・発電用と分けることができます。非金属資源には、肥料用・化学製品用・建築用・加工された岩石製品・機能材料用などがあります。

しかし、天然資源の分類の基本は地球サブシステムの違いをもとにしています。この分類は、廃棄物の分類法とは異なっています。すなわち、廃棄物は放出する先（大気・水・土壌・岩石）で分類しましたが、資源は、大気・水・土壌・岩石・生物に存在し、廃棄物の直接的放出先にはない生物の資源もあります。廃棄物は、大気・水・土壌に捨てた後、生物・人間へ移っていきます。しかし、図に示すように、天然資源→人間社会→廃棄物という一連の物質とエネルギーの流れがあります。したがって、天然資源の分類法と廃棄物の分類法はおたがいに矛盾がない、もっと首尾一貫しているほうがよいでしょう。そこで、以下ではこのような考え方を示します。

何事もそうですが、あるもの・出来事・人間・社会などを理解するためには、それらの歴史を考える必要があります。廃棄物も例外ではありません。これができてくるまでのプロセスを理解しないと、その廃棄物について知ったことにはなりません。そこで、図に示したプロセスのすべてを理解しないといけないのですが、ここではすべてを考えるわけにはいかないので、人間社会でのプロセス（製品化・分配・消費・リサイクリング）については考慮しないで、天然資源と廃棄物との関係をみてみましょう。

天然資源を地球におけるサブシステムの違いという基準以外に物質の循環という考えをもとにして、非再生資源と再生資源に分けることが可能です（図6）。ここで、非再生資源というのは、①天然により与えられているもので、人間の努力で性質・分布・量を人為的に変えることができない、②一度掘り出したら、そこから二度と同じものを得ることができない資源をいいます。具体的にいうと、鉱物・土壌・化石燃料エネルギー・原子力エネルギー（ウラン）資源です。これ以外の生物（林業・農業・漁業・畜産業）・水資源が再生資源です。これらは循環速度の非常に速い資源といえます。このほかに太陽エネルギー・核燃料エネルギー資源はエネルギー量が莫大で無限に近くあるので、再生資源ということがあります。しかし、再生資源の定義として、同じ場所で同じものを生むことができるという点があり、これには合致しません。また、循環もしていません。したがって、その意味ではこれらは再生資源とはいえません。しかし、ここではエネルギーや熱については考えませんので、これらの資源と廃棄物との関係については考えないことにします。

ここでは、天然資源を非再生資源と再生資源との二つに区分しましたが、資源によってはこの分類をすることが難しくなっているものもあります。例えば、水資源である地下水資源は、近年、量が少なくなっています。それは、地下水の汲み上げ量が非常に多くなっているからです。現在、地下水・河川水・湖沼水の汚染が進んでいます。したがって，実質的に使用できる水の量が減っています。熱帯雨林の伐採が進み，消滅しつつあります。したがって，再生資源の非再生資源化という問題が起こり，資源によっては再生資源と非再生資源を明確に区別することができにくくなっているといえます。

非再生資源である化石燃料資源（石油・石炭・天然ガス）は，おもにエネルギー源として利用されます。これらを燃焼すると，二酸化炭素が発生します。この二酸化炭素は大気へいき，大気中の濃度が高まります。この大気中に出ていった二酸化炭素を回収し，これを化石燃料に変え，エネルギー源として利用することはできません。したがって，この物質の動きは，ワンウェイ（一方向的）で，循環システムをつくっていません。石油からさまざまな化学製品（プラスチックなど）がつくられますが，これを回収し，再利用することも可能になってきました。しかし，再利用するためにはエネルギーが必要で，このとき，二酸化炭素は大気中へ出ていきます。この場合も間にフィードバックの入るシステムですが，入るもの（インプット）と出ていくもの（アウトプット）はつながっていませんから，ワンウェイシステムであり，循環システムとはいえません。

この二酸化炭素の循環の問題は，第3章でもっと具体的に考えます。これと同様に原子力のもととなるウラン鉱石は，非再生資源で，このウランを原子炉内で燃やすと，放射性廃棄物がでてきます。この放射性廃棄物をすべて再利用することはできません。どうしても廃棄物はでてきます。この廃棄物を地上で保管するにせよ，地下に処分するにせよ，これはワンウェイです。

しかし，以上の議論は科学的にいうと正確ではありません。図7で示したように，大気中へいった二酸化炭素は海洋中に吸収され，これからプランクトンなどの微生物によってとられるものがあります。これらが死んで海底にたまり，長い時間かかって石油になることもあるかもしれません。大気中の二酸化炭素が陸上の植物によってとられ，これが地下に埋没し石炭になるかもしれません。そして，これらの石油，石炭は分解し，再び大気，海洋へ移動します。したがって，遠い未来まで考慮に入れると，循環システムを形成するかもしれません。したがって，ワンウェイシステムであると断言はできません。すなわちワンウェイシステムであるのか，循環システムであるのかは，考える時間スケールによって異なります。一応ここでは，人間社会での問題を考えていますので，せいぜい十万年先までを考慮します。このくらいの時間スケールでは，二酸化炭素の移動はワンウェイであるといえます。

このほかに，炭素は海水中で炭酸カルシウムとしてとられ，これが海底に堆積しプレートとともに移動し，沈み込みます（図7）。このとき，火山ガスや熱水とともに海洋・大気へ出ていきます。また，マントルへと沈み込むものもあります。そして，マントル内を移動し，海嶺からでてきます。このような炭素の循環は数千万年～数億年という非常に長い時間がかかります。したがって，このくらいの時間スケールをとれば，ほとんどの炭素は地球内で循環しているといえます。

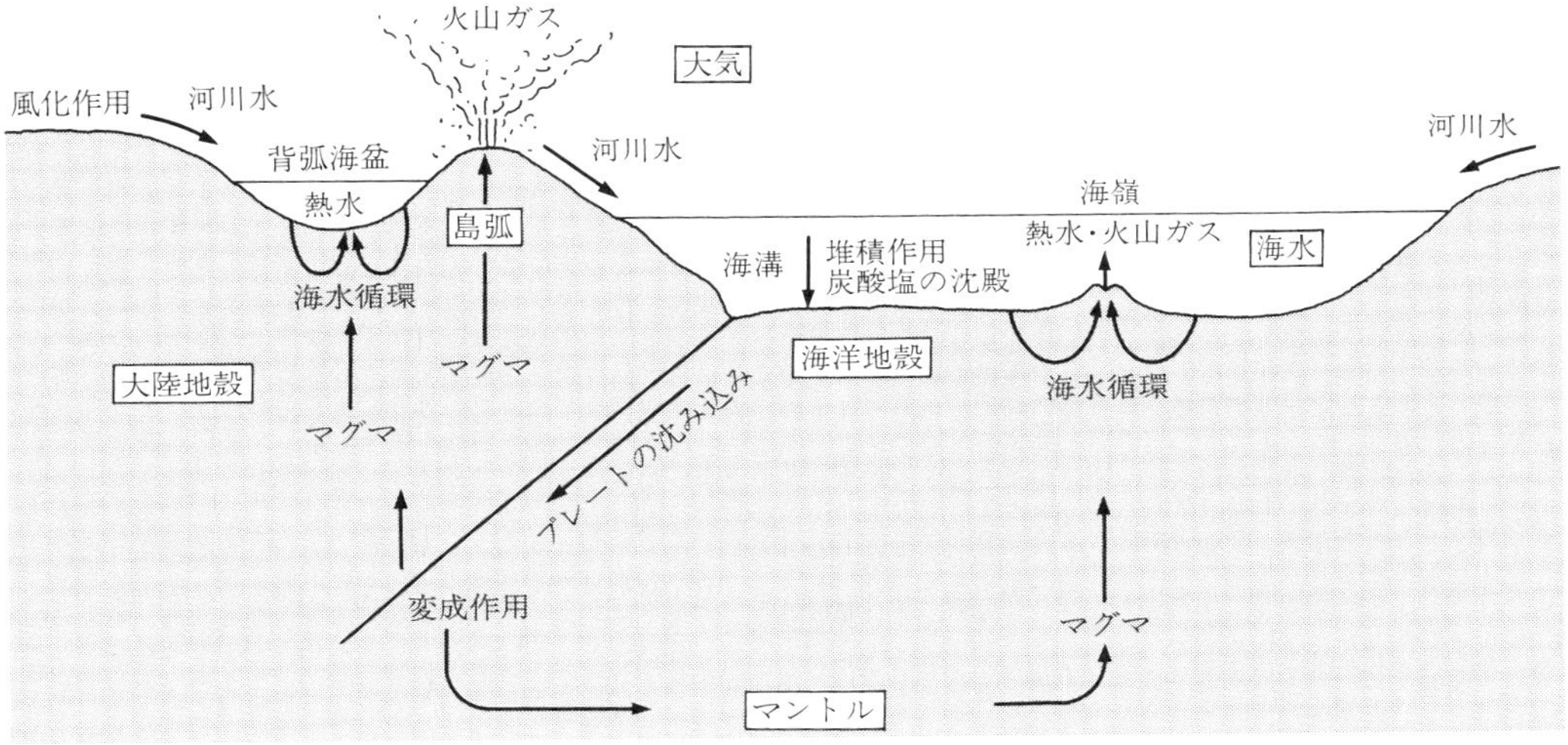

CO_2 を含む堆積物は海洋からの炭酸塩の沈殿などによる。この沈殿は，河川水，熱水，火山ガス，大気からの Ca^{2+}，Mg^{2+}，CO_2 の流入と流出に関係している。

図 7　地球表層環境における二酸化炭素の循環

廃棄物処分場に処分する場合もワンウェイシステムです。ワンウェイですが、処分場からまわりの環境への移動をなるべく抑える工夫がされています。そのほかに、なるべく処分量を少なくしようとします。そして、生活廃棄物・産業廃棄物の再利用を多くしています。これらの廃棄物には、再生資源から出てきた食料・木材などがあります。しかし、この廃棄物には非再生資源がもとになっている金属・コンクリート・建築材料・プラスチック類も多く含まれ、その量はむしろ再生資源がもとになった廃棄物の量よりも多いのです。これらの再利用も進められていますが、(1)一般にこれらの資源は大量にあり、(2)毒性が少なく、(3)再利用するためには多大なエネルギーとコストがかかる、という理由から再利用はあまり進んでいません。しかし、(1)〜(3)に当てはまらないもの、例えば、毒性の強い金属（水銀・カドミウムなど）の再利用化や代替化は進められています。

2　廃棄物の処理と処分の問題

人間社会の出口での問題

前章で、天然資源と廃棄物との関係を考えました。図8には、天然資源から廃棄物へ至るものの流れを概念的に示しました。天然資源が人間社会に入り、製品化・分配・消費されていきます。このときの問題も数多くあります。例えば、いかにしてエネルギー効率をよくして製品を作り出すか、エネルギー消費をするかといった問題です。ここでは、この人間社会内でのエネルギーやものの流れについては考えません。出口での問題と出た後の問題について考えます。この章では、まず出口での問題点を整理したいと思います。出た後の問題は、第3章で考えますが、このテーマが本書のメインテーマですので、この章は第3章の導入部と考えてください。したがって、この本の内容は、大きくみると図に示したものの流れに則しています。すなわち、資源（第1章）→処理・リサイクル（第2章前半）→廃棄物（第2章後半）→地球環境（第3章）という流れです。以上の点を踏まえ、人間社会に戻ります。第3章まではおもに現状分析ですが、つぎの第4章では、将来の

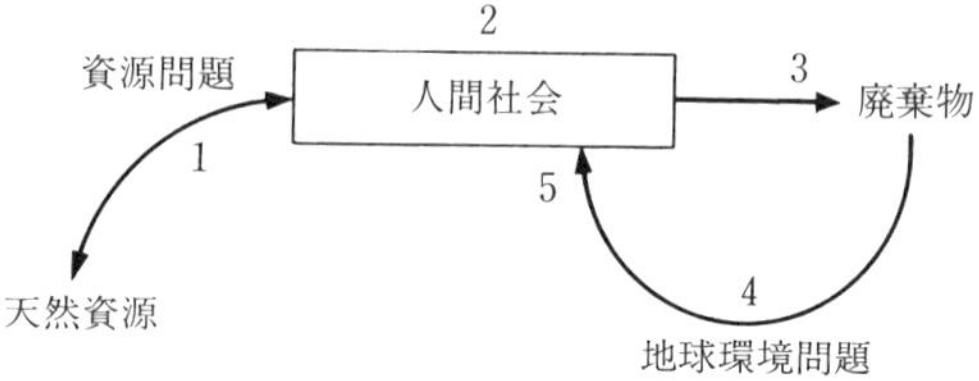

1. 人間社会システムへの天然資源の流入と，人間社会システムの自然システムへの働きかけ
2. 人間社会システム内における天然資源の変化
3. 人間社会システムから自然システムへの廃棄物の流出
4. 自然システムにおける廃棄物の変化
5. 廃棄物の人間社会システムへの影響

図8　天然資源から廃棄物に至るものの流れ

人間社会システムについて述べますので、時間的には、現在および過去の話から将来の話を述べることになりますので、戻ったことにはなりません。

それでは、この出口の問題にはどのようなものがあるのでしょうか。それらは、(1) どのようなものが出ていくのか、(2) どれだけの量が出ていくのか、(3) どのように出ていくのか、(4) (1)から(3)が、過去・現在・未来にわたってどのように変化するのか、という問題です。(3)には、人工的に手を加える、処理（焼却・化学処理など）した後に出ていく、人工的に手を加えないで出ていく（投棄など）、があります。処理方法もさまざまなら、出ていく場所もさまざまです。ここでは、それぞれの方法については考えません。

廃棄物の問題で最もわかりやすいのが、廃棄物量が近年急激に増大しているということですので、まず、これをまとめてみます。前章で、廃棄物を大きく三つに分けましたので、それぞれの例を以下でみてみましょう。通常、廃棄物というと、生活廃棄物・産業廃棄物をさしますので、これらの変化をまず図9に示します。全国のごみの総排出量は、一九九四年度で年間五、〇五四万トンです。昭和六〇年から平成元年まで増加してきましたが、それ以降は横這いの状態が続いています。このように、総排出量の増加はないのですが、ごみ排出の総量はたいへん多いのです。

このほかの問題として、ごみの質が変化している点があります。最近では、紙類・プラスチック類のごみが増加している点が問題です。このような可燃物が増え、ごみ処理量・焼却量が増えてい

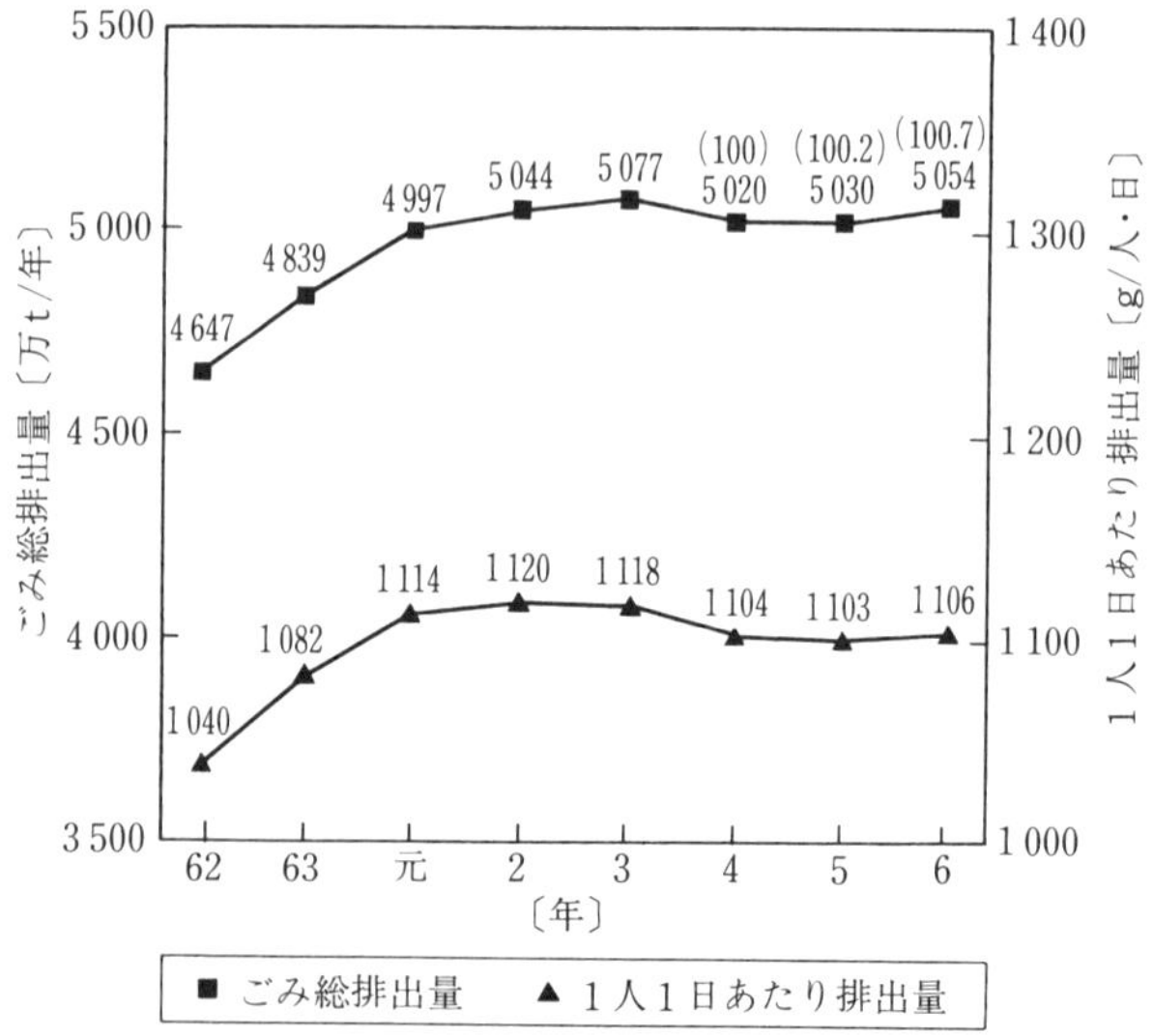

図 9　わが国の一般廃棄物排出量の推移（環境庁編：環境白書平成 10 年度版，環境庁（1998）より）

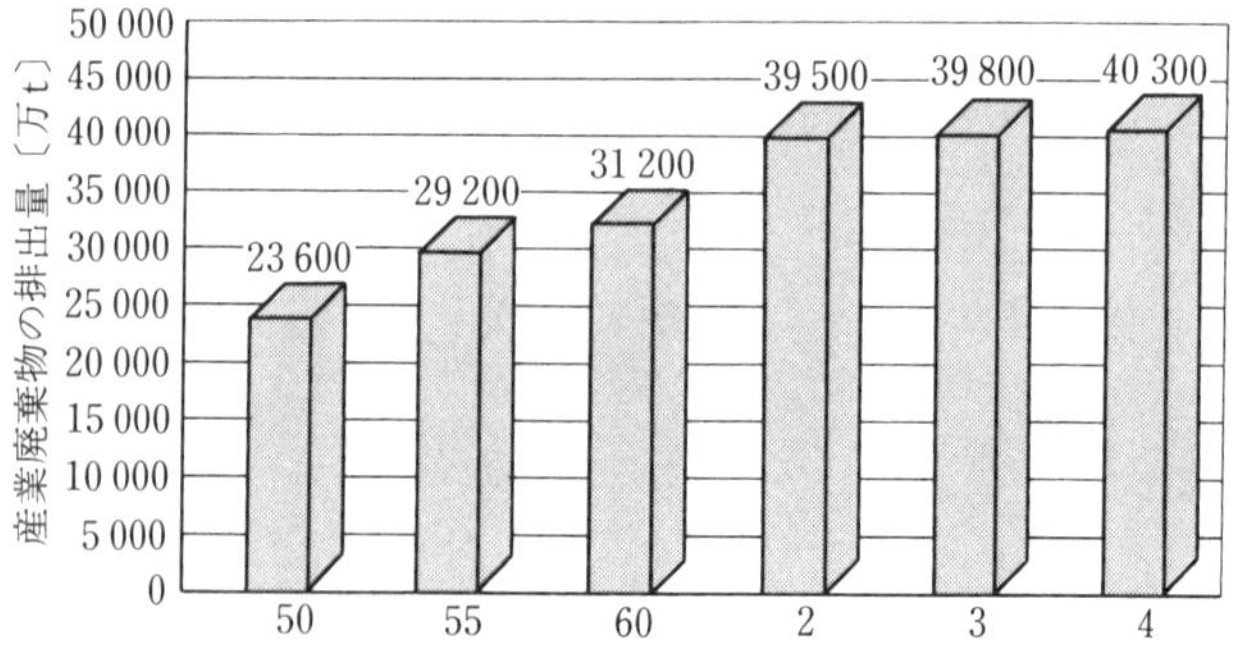

図 10　わが国の産業廃棄物の総排出量の推移（環境庁編：わが国の環境対策は進んでいるか，環境庁（1998 b）より）

ます。したがって、最終処分量や直接埋立処分量は少しずつ減ってきています。

産業廃棄物の量も平成二年度以前は増加してきましたが、それ以降は横這い傾向にあります（図10）。量的には、産業廃棄物のほうが一般廃棄物より圧倒的に多くなっています。この産業廃棄物の中身ですが、汚泥（工場排水などの処理後に残る泥状のもの、および各種製造業の製造工程などで出てくる泥状のもの）が全体の半分近くあり、ついで、動物の糞尿（畜産農業で生じるもの）で、二〇パーセント弱、建設廃材が約一五パーセントです。このほかは、鉱滓・煤塵です。したがって、これらの大部分は、金属・非金属鉱物資源という非再生資源から生じたものといえます（以下では非再生資源型廃棄物と呼びます）。ところが、一般廃棄物の場合は、金属・非金属から出てきたもの（不燃物金属類・土砂類）は、十パーセント以下で圧倒的に量が少なく、再生資源から出てきたもの（紙・繊維・木竹類・水分など、以下では再生資源型廃棄物と呼びます）が多くなっています。廃プラスチックは、石油から出てきたものなので、非再生資源からできたものですが、この量は十パーセントくらいです。

以上のように、量的には廃棄物全体の中では、再生資源型廃棄物より非再生資源型廃棄物のほうが圧倒的に多いといえます。現在、廃棄物の資源化が進められていますが、その場合、特に紙類や生ゴミといった再生資源から出たものの資源化（再生資源化）が進められています。金属（アルミニウムなど）やプラスチックといった非再生資源に由来するものの資源化も進められています。しかし、量的にかなり多い汚泥・建設廃材の資源化ということはたいへん難しいのです。問題は量的に圧倒的に多いということと、いろいろなものが混じり、分別・分離・再生化が難しいという点です。また、リサイクリングをするために、エネルギーを多く必要とするということが問題となります。

以上の一般廃棄物と産業廃棄物処理（焼却など）は、そのまま処分場へいくのではなく、一部はリサイクル・資源化され、残りが処分場へいきます。この処理・リサイクル・資源化に対してさまざまな取り組みがなされ、これらの率が増加しています。

このように、最近では、最終処分場へいく一般廃棄物と産業廃棄物量の増加は抑えられているのですが、問題はこれらの量を大きく減らすことができず、絶対量としては莫大で、最終処分場の残余容量と残余年数が急激に減っている点です。特に、首都圏ではこれらの問題が深刻化しています。いままでは、首都圏から地方へ廃棄物を運んでいたのですが、今後はそのようなことも難しくなってきます。したがって、湾岸埋立処分場をつくるようになります。しかしながら、そのために干潟が減り、生態系に対する環境アセスメントをするとこのことも難しい状況になります。このように、現在、廃棄物行政がたいへん厳しい局面に立たされています。

わが国は、国土が狭いなどの理由により、ほかの国に比べて多くの廃棄物が処理されています。多くの場合、焼却により処理されますが、その際、必ずガスと粉塵が出てきます。これらが大気へいき、多くの悪影響を及ぼします。例えば、ゴミを燃やせば二酸化硫黄・二酸化炭素・ダイオキシンなどのさまざまなガスが出てきます。わが国は、この焼却処理量をなるべく多くするように、焼却場の数を増やしてきました。その数はほかの国に比べて圧倒的に多く、したがって、ゴミの焼却量も多いのです。そして、いままでのガスの排出基準は、ほかの国に比べると比較的緩かったといえます。特に、ダイオキシンはいままで規制対象になっていませんでした。ところが、最近になって、ダイオキシンによる環境汚染が社会的な大問題となり規制されるようになってきました。このような努力はなるべくするべきですが、規制だけで問題がすべて解決されるわけではありません。

今後、ダイオキシンなどの有害ガスを出さない努力をすることはもちろんのことですが、現在、水や大気などの環境に存在するダイオキシンの量は莫大で、いままでに出されたダイオキシンをどのようになくしていくのかも大問題です。いままでは、燃やせば解決されると考えられてきました。しかし、燃やせばガスが出るばかりでなく、固形の焼却灰も出ます。過去において処分場以外にいった多くの焼却灰があります。現在では、焼却灰の多くは廃棄物として処分場にもっていかれるようになり、また、この焼却灰の利用に関する研究も始められています。将来的には、処分場にいく量が減少することが期待されていますが、すべてを再利用することは不可能です。環境に捨てられた焼却灰からダイオキシンや重金属がまわりの土壌などに広がっています。現在、この化学分析も多くなされるようになりましたが、この汚染は均一に広がっていくのではありません。汚染のされ方は場所（土壌・水・生物）によって異なるはずです。したがって、少数のサンプルの分析値だけで議論するべきではありません。環境を考え、系統的かつ長期にわたってサンプリングを行い、分析をするべきだと考えます。

それでは生活廃棄物と産業廃棄物以外の廃棄物の量的な変化はどうでしょうか。例えば、二酸化炭素の排出量は、世界全体でみると、第二次世界大戦以降急激に増加し、一九八〇年くらいに一時的に少し下がりましたが、それ以降また増加しています（図11）。量的にも六〇億トン以上もの炭素が毎年放出されています。

核廃棄物（商業原子力発電所から出る使用済み核燃料）の累積量（図12）は、一九九〇年以降指数関数的に増加しています。この廃棄物の処分方法はまだ決まっておらず、人間社会に蓄積され続けています。

このように、非再生資源をもとにしたこれらの廃棄物の増え方は、かなり大きいといえます。このほかの非再生資源がもととなる廃棄物、例えば、金属と非金属については、さまざまなものがあり、その増加率はそれぞれで異なりますが、その量も近年、かなり増えています。

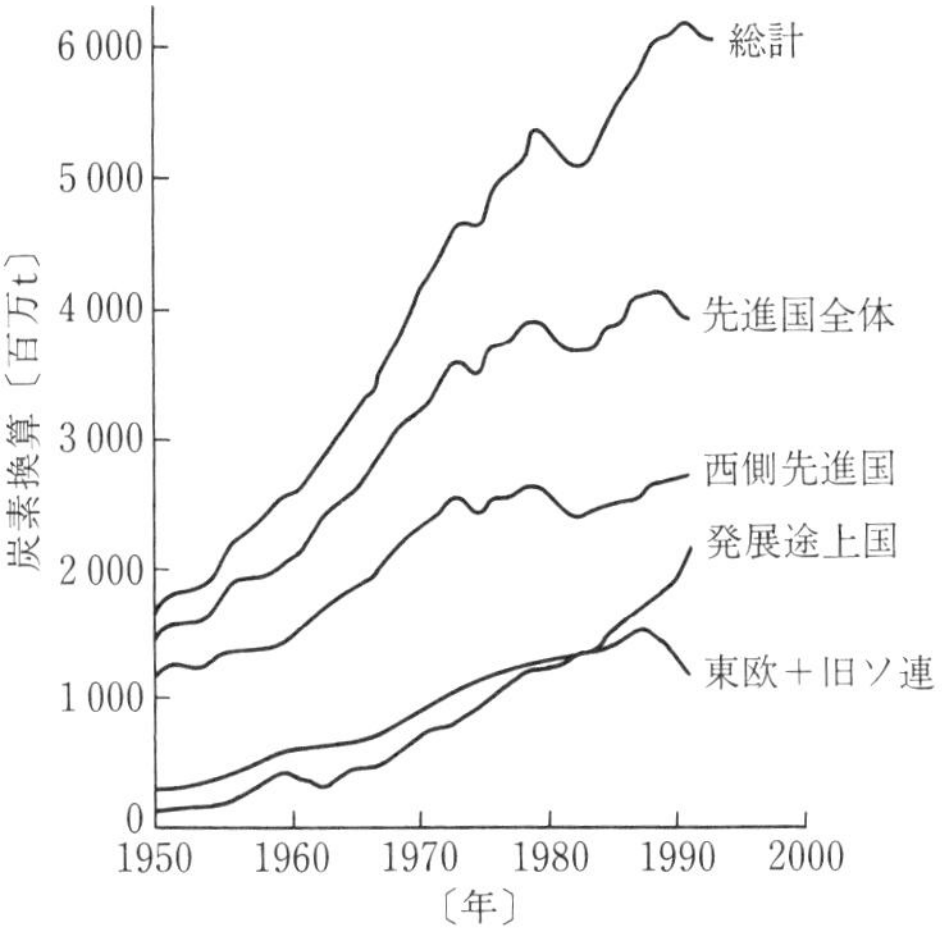

図 11　世界の二酸化炭素排出量の推移（環境庁編：平成 9 年版，環境白書，環境庁（1997）より）

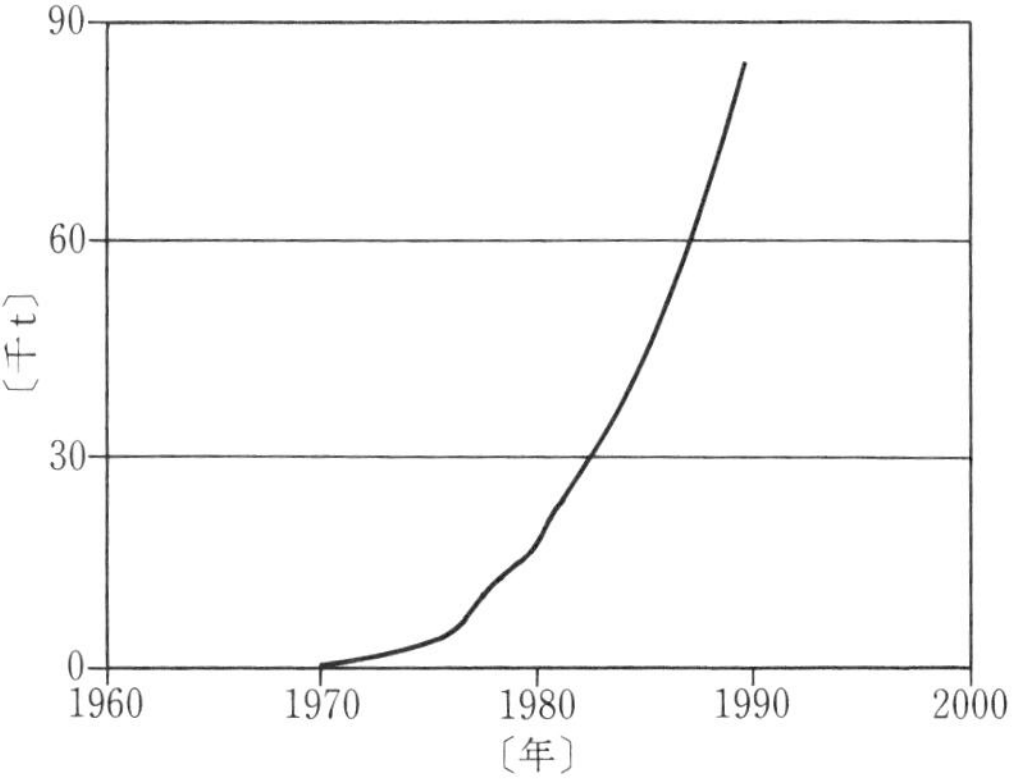

図 12　商業原子力発電所からでる使用済み核燃料の累積（レスターブラウン：レスターブラウンの環境未来予測，同文書院（1992）より）

産業・一般廃棄物処分場の問題

廃棄物処分場における大きな問題は、処分場から汚染物が漏れ出る問題です。以下では、この問題について考えてみます。

廃棄物を埋め立てた後は、人間はあまり関与せず、自然の浄化作用に任せるので「最終処分」と呼んでいます。そうはいっても、なにもしないで放置すると有害な成分（有害有機化学物質・重金属・汚水など）がまわりへ滲み出し、河川・土壌・生物を汚染する場合もありうるので、ゴム・合成樹脂のシートや粘土を敷いて、地下水や土壌へ汚水が入っていかないなどの工夫がされてあります。

産業廃棄物として、ガラス・陶磁器くず・建設廃材・金属くず・廃プラスチック類・ゴムくずが指定されています。この産業廃棄物には、重金属などの有害成分が含まれていることが多いので、有害物質の量と含まれ方により安定型産業廃棄物・管理型産業廃棄物・特定有害産業廃棄物に分類され、それぞれ安定型・管理型・遮断型最終処分場に埋め立てられます（図13）。

安定型は遮水土や浸出液の処理施設を設置していません。この処分場へは、まわりの環境を汚染する心配のない安定な廃棄物を処分します。

管理型処分場は、汚染された浸出水によりまわりの地下水や河川水を汚染する恐れのある廃棄物を処分する施設です。遮水設備・排水設備・排水処理設備を備えたものです。廃棄物は、廃油・紙くず・木くず・繊維くず・動植物性残渣・動植物の糞尿・動物の死骸および無害な燃え殻・煤塵・汚泥・鉱砕、これらを埋立処分するために処理したものです。

遮断型最終処分場では、コンクリートなどで固めて、水に溶け出さないようにしています。この処分場に埋立処分できる廃棄物は、「水質汚濁防止法に定められている、人の健康に被害を生ずる恐れがある物質」を溶出させる危険のある特定有害産業廃棄物だけです。この特定有害産業廃棄物

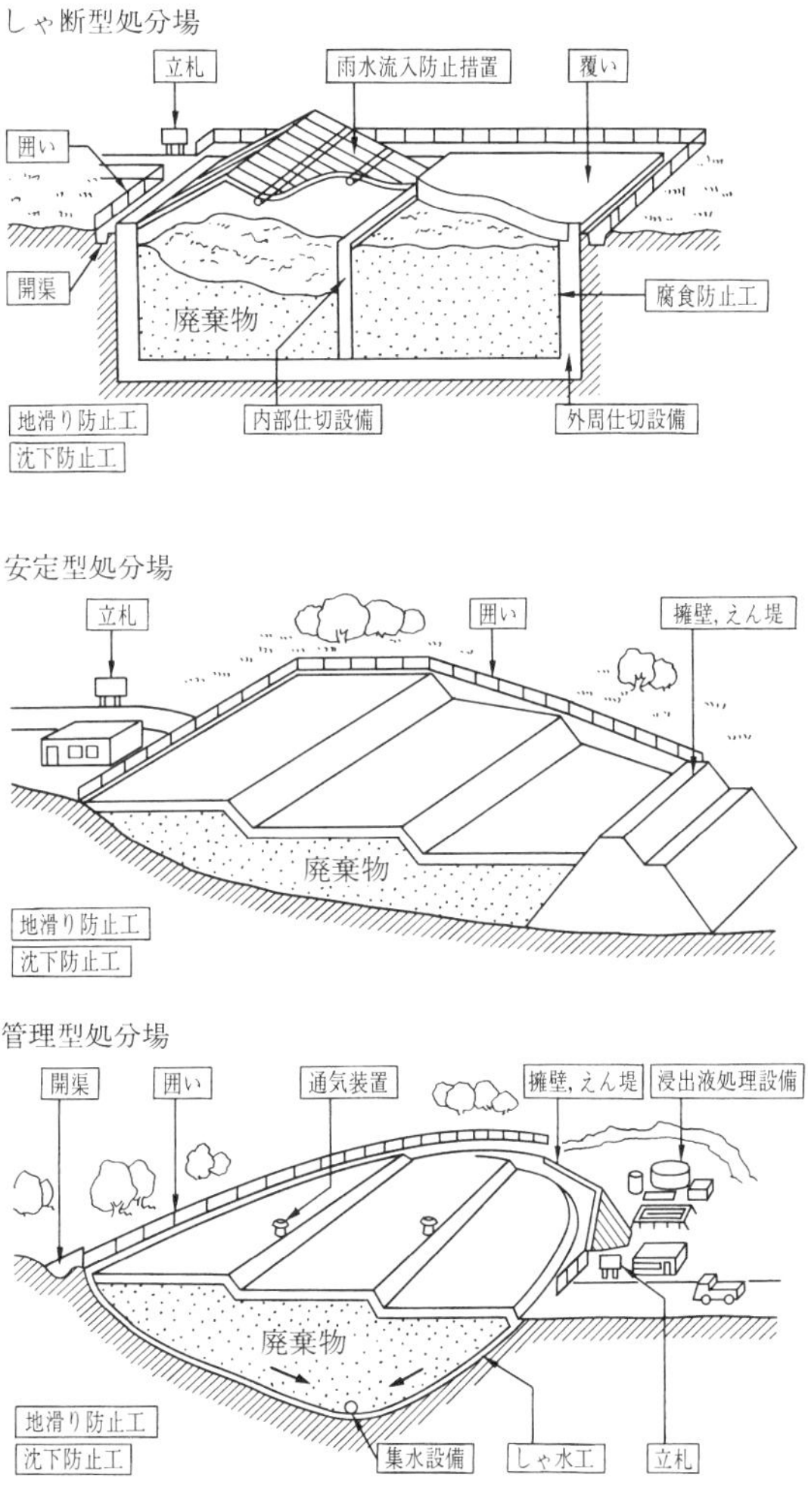

図 13　最終処分場の構造（田中勝：廃棄物学入門，中央法規（1993）より）

は、重金属を含む煤塵・有害な燃え殻・汚泥・鉱砕で、これらを埋立処分するために処理したものです。

このようにまわりと遮断する以外に、処分場の内部に空気を通し、酸化的（酸素の多い）環境にし、好気性微生物の働きを活発化し、メタンや硫化水素などの発生量を減少させる工夫もされています。メタンは強い温室効果をもつために、この発生量を抑える必要があるのです。しかしながら、この微生物の働きですべての有害成分を分解することはできません。逆に、有害成分が生じる場合もあります。例えば、有機性窒素は微生物により、アンモニア性窒素に変化し、さらに亜硝酸性窒素や硝酸性窒素に酸化されます。これらの成分は人間に対して毒性があります。

このほかに、処分場を土壌で覆い（覆土）、土壌の機能を利用する試みもなされています。この土壌にはさまざまな浄化機能がありますが、その一つとして、重金属の保持能力が大きいという点があげられます。土壌中には、水酸化鉄や粘土鉱物が多く含まれており、これらは、重金属を吸着する能力があります。日本の土壌は、火山灰起源の赤土が多く分布しています。比較的新しい時代にできた赤土中には火山ガラスが含まれています。また、少し時代が経ってきますと、粘土鉱物が多く含まれるようになります。これらの物質は、酸性溶液を中和する働きがあります。雨水のpHは低いので、廃棄物処分場を土で覆うと、処分場からの浸出水のpHを高くすることができます。一般に重金属類はpHが高くなると、水酸化物として沈殿したり水酸化鉄に吸着されやすくなるので、重金属類の浸出量を小さくすることができます。ただし、有害な鉛・クロム・ヒ素などは、アルカリ性条件で溶けやすくなる場合があるので、注意しないといけません。もっとも、土と反応させなくても、焼却灰と水が反応すると一般にアルカリ性となります。この場合は、土を使わなくてもよいかもしれません。

「埋立地が好気的であるならば、良好な浄化槽となりうる」ということは一般にいえますが、必ずしもそうとはいえません。廃棄物の種類によっては、嫌気性条件（酸素の少ない環境）のほうがまわりへ出にくいものもあります。例えば、嫌気性条件では、水酸化鉄ではなく重金属と硫黄の結びついた硫化物ができ、重金属が保持され移動していきません。したがって、重金属の場合は酸化的よりも還元的にしておいたほうがよい場合が多いのです。しかし、この環境下では、毒性の強い硫化水素が発生してしまいます。また、硫化物ができない場合は、重金属が逆に移動しやすくなることもあります。

以上の点を考えてみますと、廃棄物の種類によりまわりの環境への移動の仕方が異なるといえます。したがって、いろいろな廃棄物をすべて一緒にして処分すれば、必ず廃棄物がまわりへ移動し、まわりの環境中でも移動の大きいものが出てくると考えられます。大切なことは、①廃棄物をできるだけ細く分別し、それぞれの処分法を変える、②それぞれの処分場内の環境（例えば、酸素が多い環境か、少ない環境か、酸性かアルカリ性か）についてよく理解し、条件（pHなど）をコントロールする、③浸出水の処理をする、④まわりに漏れ出ない工夫（例えば、覆土）をする、⑤まわりにできるだけ漏れ出ない地質環境を処分地に選ぶ、⑥まわりに漏れ出た場合も考慮し、まわりの地中環境（地下水・岩質など）についてよく理解し、それに合った廃棄物用の地中環境を選ぶべきであると考えます。

前記の①、②の努力は現在されつつあり、今後改善されていくでしょう。③についてもさまざまな方法があり、これについても改善されていくと思いますが、対策はいまのところ不十分です。④については前にも述べましたが、漏れ出ない土壌を選ぶべきではあるのですが、現在のところ処分場近くの土壌を利用することが多いので、必ずしも適さない土壌も利用しています。⑤についてはほとんどなされていません。例えば、粘土の多い地層は水を通しにくいので、このような場所を選ぶほうがよいと思いますが、これを実行することはわが国ではたいへんに難しいといえます。それは、処分場になる場所が限られているためです。したがって、地質条件を考慮することまではなかなかできません。しかし、できる限りこのような条件を考慮するべきです。

⑥についても、特にわが国は国土が狭く、人口も多く、処分場に適した場所が少ないために行われていません。場合によっては、人口の少ない山地や谷に処分場をつくったために、河川の源泉を汚染してしまうという問題が起こったりしています。また、陸上の処分場を確保することが難しいために、沿岸海域に埋立処分する場合も少なくありません。この場合は、生物の多く集まる干潟が

なくなるなど、自然環境を破壊することになります。わが国は島国で、いわゆる閉鎖性海域が多く存在し、ここに処分すれば有害物質が広大な海水により希釈されることなく蓄積され、まわりの生物に悪影響を及ぼしてしまいます。

処分場をつくるためには、本来ならば、まず初めにさまざまな条件（例えば、地質・水質・生態系・人口など）を考慮し、いくつかの処分候補地を選び、そしてその中で最もよい場所、すなわち処分予定地を決め、さらに、その処分予定地の環境調査をし、適していることが判明してから処分場をつくるのが正しい方法です。しかし、残念ながらわが国においては、このような方法はとられていません。各段階での十分な事前調査をすることなく、〝処分場ありき〟から出発します。この場合、科学的に十分適性を備えているのかがはっきりしていません。

つぎに、わが国の処分場の形態の変化をみてみましょう。いままでは処分場そのものからなるべく汚染物が出ていかないような工夫がさまざまになされており、最終処分場の形態は一九六〇年代から大きく変わってきています。一九六〇年代は、廃棄物の処理や減量化をせずにすべて最終処分をしてきました。ところが、一九七〇年代前半から最終処分地用の土地が少なくなり、また廃棄物の種類も変化（紙類の増加など）してきて、焼却などによる減量化がなされ、その上で、最終処分をする方式がとられるようになってきました。一九七〇年代後半となり、廃棄物を焼却し、最終処分をするだけでなく廃棄物の資源化が行われるようになりました。一九八〇年代からは、最終処分をされた廃棄物の資源化もなされるようになっています。現在では、この最終処分地の多目的利用もなされるようになっています。ものとしての資源だけではなく、緑地公園としての利用（アメニティ空間）、地域に調和する形での処分場利用計画も進められています。このような資源としての利用が定着すれば、〝最終〟処分という言い方があまり意味をなさなくなってきます。〝最終〟ではなく、その後、〝資源〟などさまざまな形で活用されるものもあるからです。

処理場・処分場の場所についても時代とともに変化してきています。処分場は、いままでは陸上でつくられてきましたが、最近の大都市近辺では海の埋立処分場が増えています。また、いままでは、各地域に処理処分場をつくっていましたが、最近では広域処理処分場もつくられています。広域処理場をつくれば、ダイオキシンを分解できるなどの利点もありますが、しかし、これでは廃棄物を出したものが廃棄物を処分するという原則に反します。この広域処理処分の是非論は、上のような議論とともに、どのようなやり方ならば周辺への汚染が少なくなるかということも合わせて考えなくてはいけないでしょう。

この点を考え、もしもまわりの地質も考慮し、広域処理処分場の場所が決められるのなら、多くの地質条件の中から最適条件のところを選ぶのですから、このやり方がよいでしょう。広域処理処分ではなく、多くのところに小さい処理処分場をつくるのでしたら、中には、不適切なところに処理処分場をつくらざるをえない場合も出てきてしまいます。

3　廃棄物の地球システム内での動き

廃棄物と地球システム（土壌・水・生物・大気）の相互作用

前章でみましたように、処分場をまわりの環境に対して完全に遮断することは不可能で、これらから汚染物質は低濃度にしろ出てしまいます。それよりも処分場にいかないで、自然界に直接捨てられるものがあり、これによる被害が多くみられます。例えば、不法投棄の廃棄物を初め、最初は資源と考えられ掘られた鉱山からでてきたものが放置され、殺虫剤などの有害化学物質が自然界に撒かれています。これらはまわりの環境へと広がっていきます。また、現在は処分場に捨てられるものでも、以前は自然界に捨てられてきたものがあり、この負の遺産が大量にあります。以下ではこれらの地球システム内での動きをみます。

重金属汚染

わが国には、昔から多くの金属鉱山が開発されてきました。有名なものに佐渡金山・足尾銅山・小坂銅山・別子銅山などがあり、数え上げたらきりがありません。これらの鉱山から多くの金属が稼行・生産され、わが国の鉱工業の発展に寄与しました。ところが、その後多くの鉱山は閉山し、現在でも稼行されている鉱山の数は数えるほどとなってしまいました。鉱山からは金属を多く含む岩石も一緒に掘り出されます。この金属を多く含まない岩石のことをズリといいますが、このズリは役に立ちませんので、鉱山の近くに放置したり、鉱石を掘り出した跡へ埋め戻します。ところが、ズリとはいっても、普通の岩石よりは多くの重金属を含んでいます。このようなズリは、雨水にさらされ、そこからまわりの土壌や水に重金属が散らばっていきます。このズリの中には硫化鉄が多く含まれ、これが大気・雨水中の酸素と反応すると硫酸ができます。すなわち、ズリと接した水は酸性になり、ズリから重金属を多く溶かし出します。鉱山には坑道が開けられており、ここに集まった地下水が鉱床から重金属を多く溶かし出し、この水が鉱山からでてくることもあります。

もちろん、現在稼行中の鉱山や最近閉鎖された鉱山では、この重金属汚染に対する十分な対策が立てられています。しかし、たいへん古い時代に閉山となった鉱山からでてくる重金属汚染に対する対策は十分とはいえません。しかし、ここで注意しないといけないことがあります。古い時代に閉山となった鉱山付近の土壌や水が、現在汚染されているという事実がみつかったとしましょう。このことから、これは人間が鉱山から出したズリや坑内からでてくる排水のためであると思う人がいるでしょうが、このことは簡単にいえません。それは、人間が鉱山を開発するずっと前からその鉱床はその場にあり、その鉱床から重金属が自然の作用によっても散らばってきました。その自然作用と人為的作用による汚染の程度や違いがはっきりしない限り、すべてを鉱山開発のせいであるということはいえません。この区別は難しいことですが、科学的調査をきちんとすれば結論がつくことだと思います。しかし、そのためには非常に多くの試料の採集をし、分析するなど、手間もコストもおおいにかかります。したがって、いままでにこのような大掛かりな系統的調査はあまりなされていません。

このほかに最近では、鉱山からの汚染以外の問題が生じています。それは、鉱山の掘り跡への廃棄物の不法投棄という問題です。私は、古い鉱山の調査をすることがありますが、掘り跡に廃棄物が捨てられているのを何度もみたことがあります。鉱山は普通地下を採掘しますので、地下に空洞が空いています。鉱山が閉山をすると、まわりから地下水が入ってきて水没してしまうことがあります。ここに廃棄物を捨てると、地下水が汚染され、この地下水が移動し、周辺の環境が汚染されます。この地下水による重金属の広がりについての調査も不十分です。

わが国では、金属鉱山だけでなく普通の岩石も地下から切り出すことがあります。特に、都市近辺では、建造物用として岩石が地下から大量に切り出されてきました。有名な例として、栃木県の大谷石をあげることができます。この大谷石は、凝灰岩という柔らかい岩石で、地下から大量に切り出されてきました。このような地下の岩石の掘場跡や地表の石切り場跡は、廃棄物を捨てるのに適しています。中にはきちんとした管理のもとに処分場がつくられることもありますが、不法投棄の場所となることもしばしばあります。

わが国には金属鉱山跡や石切り場跡が非常に多くあります。そして現在では、その多くで不法投棄がされています。不法投棄された廃棄物を取り除いたり、まわりの環境への影響についての調査はほとんどの場合行われていません。このような現状について系統的な調査がなされることが望まれます。

重金属汚染は、金属鉱山からの排出以外に、農薬・ハイテク廃棄物・産業廃棄物・大気からの降下（もともとは化石燃料の燃焼・ガソリン燃焼など）によって起こります。例えば、わが国では、工場敷地内に重金属を含む廃棄物が捨てられ、それらが放置されていることが多々あり、この土壌の重金属汚染をめぐって多くのトラブルが現在発生しています。以下では、有害な金属についてもう少し詳しい説明をしましょう。

重金属の中で水銀汚染については最も研究が進められています。それは、水俣病を初め水銀汚染によってたいへん深刻な問題が引き起こされてきたからです。水銀が揮発性であるということもあり、多くの水銀が人間社会から大気・水・土壌そして生物へと移動しています。このような循環の過程で水銀はさまざまな形態をとります。人間は、水銀鉱床から硫化水銀・自然水銀をとりいれます。自然水銀は岩石中に入っているのですが、この水銀鉱石をとるときに水銀はガスとなります。これが人間体内に入ると健康に被害を与えます。水銀鉱床ではありませんが、川の砂金をとるときは、砂金を自然水銀に溶かしてアマルガム（水銀と金の合金）をつくって金を回収します。このときに、揮発した自然水銀を吸った人間が水俣病になった例があります。

硫化水銀は大気中で熱すると、酸化し、水銀ガスとなりますが、これが大気中に放出されます。また、水銀は、石炭・石油を燃やしたときに大気中に大量にでていきます。水銀だけでなくほかの有害な重金属（セレン・ヒ素・アンチモンなど）もこのような鉱山の製錬所・火力発電所から大量にでていきます。しかし、大気中の重金属は人間社会だけでなく、火山ガスや地表の岩石の風化からもでることに注意しなくてはいけません。したがって、環境を汚染する重金属が、自然作用由来なのか、人間社会由来なのかを決めないと、人間による大気汚染の影響がわかりません。

表2には、自然作用（風化・火山噴火・火山ガス）と人為的作用（工業、石炭・石油の燃焼）による大気へ放出されるさまざまな元素のフラックスの割合いを示してあります。元素により人為的影響の強いものもありますが、自然作用の強いものもあります。一般的には、水銀を初め有害金属（クロム・ヒ素・アンチモン・セレン・カドミウム・鉛）の多くは、自然作用よりも人為的作用に

よる影響のほうが強いようですが，さらに詳しい調査が望まれます。

　この大気中に行った水銀は，地表・海水・陸水に降下し，これらが水銀で汚染されます。この水銀が水に溶けると，水銀は水の中では＋2価ですが，水からは自然水銀が沈殿し堆積物へといきます。堆積物中では水銀は還元的であると硫化物となります。海生生物などは，水に溶けた水銀を濃集します。例えば，貝類などの生体中では＋2価の水銀イオンが有機水銀となり蓄積されます。水銀はこのように自然界でその存在状態をさまざまに変化させています。無害なものもありますが，有害なものもあります。無害だからといって安全であるというのではなく，これが有害化されることがあるので注意しないといけません。例えば，硫化水銀は無害ですが，これが体内に入ると有機

表 2　大気への放出量に対する人類活動の寄与
A＝岩石の風化と火山の計
B＝工業活動＋燃料の燃焼

	人類活動の寄与〔%〕 $B/(A+B)\times 100$
アルミニウム	13
チタン	13
鉄	28
クロム	62
スズ	78
カドミウム	93
ヒ素	97
セレン	97
アンチモン	97
水銀	100
鉛	100

水銀となり人間・生物に悪影響を及ぼします。

この水銀の場合は、人間社会から大量に自然界にでていきますので、大気や水の水銀汚染が人間によって引き起こされたことは明らかです。しかし、他の重金属汚染が人間によって引き起こされたのか、それとも自然によって起こったのかを知ることはたいへんに難しいことです。

例えば、地下水中のヒ素濃度が環境基準値（一リットルあたり〇・〇一ミリグラム以下）を越えた場合を考えてみましょう。ヒ素は、堆積岩という岩石の中に比較的多く存在しています。この堆積岩の中には、黄鉄鉱という硫化鉄がみられますが、この黄鉄鉱中には多くのヒ素が含まれています。この黄鉄鉱は酸化的な地下水によって容易に分解してしまいます。このようなヒ素を含む水が水酸化鉄に接するとヒ素は水酸化鉄に吸着されます。ただし、この吸着のされ方は、水のpHによって大きく異なります。例えば、このヒ素を吸着した水酸化鉄がアルカリ性の地下水や温泉水と接するとヒ素が水のほうへいき、ヒ素を多く含む水ができてしまいます。このような場合は、地下水や河川水中の環境基準値以上のヒ素濃度が自然の作用によるのか、人為的なものかを特定するのは難しいことです。しかし、ヒ素汚染の原因を特定することができる場合もあります。日本の金属鉱山はヒ素の鉱物を多く産します。例えば、硫砒鉄鉱（鉄・ヒ素・硫黄の化合物）は、比較的高温でできた鉱床から産します。この鉱床のズリを捨てたところからヒ素が溶け出し、周辺の土壌や水を汚染し住民に被害を与えたことがありました。また、ヒ素は、毒ガスや殺虫剤として大量に使用されていました。ガリウムヒ素という化合物は、半導体に利用されています。これらのヒ素化合物を土壌などに投棄すると、まわりの土壌・河川水・地下水が汚染されます。以上の場合は、ヒ素の発生源がはっきりし、このまわりだけがヒ素によって汚染されているので、この汚染が人為的なものであるといえるのです。

日本列島は火山国です。火山ガス・温泉水・熱水中には多くのヒ素が含まれ、このような水やガスからヒ素を含む鉱物ができます。したがって、自然の作用でもヒ素の多い地下水や河川水もできます。それでは、なぜ火山作用にはヒ素が伴われるのでしょうか。これについては、じつは科学的にはよくわかっていないのですが、私は、ヒ素のグローバル循環の研究からヒ素はプレート上にのる堆積物中に含まれている黄鉄鉱が、プレートとともに沈み込み、これから火山ガスや熱水となって、日本列島にヒ素が多く供給されると考えています。表3は、地球表層環境におけるヒ素の循環をまとめたものですが、プレートの沈み込む島弧付近から発生する火山ガスや熱水中に、ヒ素が多く含まれているといえます。

ヒ素と比較的似た性質の元素であるアンチモン・セレン・テルルといった猛毒な化合物をつくる元素類も、ヒ素と同じように、わが国には自然の作用で多く濃集しています。したがって、わが国の自然環境（例えば、土壌）に多く散らばり、濃集していることが考えられます。しかし、これらの元素種の環境中での濃度分布はよくわかっていません。

以上あげた元素は、いわゆる〝レアメタル〟といわれている元素です。このレアメタルというのは、先端技術を支える特異な機能をもつか、それを提供することのできる金属をいいます。このレアメタルは、最近の新素材分野（超伝導・磁性材料・半導体・電子・光材料・ファインセラミックスなど）で使用され、おもなものは、リン・ヒ素・セレン・アンチモン・モリブデン・タングステン・マンガン・ガリウム・インジウム・ジルコニウム・希土類元素・ランタン・セリウム・ユーロピウムなどです。これらは、わが国の産業に欠かすことのできないもので、いままでにも鉱山から

表3　ヒ素のグローバル循環フラックス
（単位：グラム／年）

海洋への流入		
（1）	河川	7.8×10^{10}
（2）	熱水	$(0.2\sim5.2)\times10^{11}$
（3）	火山ガス	2.8×10^{9}（最大）
（4）	大気	2.6×10^{9}
（5）	海底玄武岩の風化	$(2.7\sim9)\times10^{8}$
	合計	$(1.0\sim6.1)\times10^{11}$
海洋からの流出		
（6）	堆積（黄鉄鉱の生成）	$(1.3\sim2.9)\times10^{11}$
（7）	大気	1.4×10^{8}
	合計	$(1.3\sim2.9)\times10^{11}$
プレートの沈み込み		$(4.0\sim8.2)\times10^{10}$

多くとられてきました。わが国の金属鉱山にはレアメタルが多く濃集していますが，それ以上に需要が高まっており，海外からの輸入量が増えています。これらの金属元素は人間社会でおおいに利用されていますが，廃棄される場合もあります。このような人工的な廃棄物が環境に散らばっています。これらと，自然環境による動きとを区別しないといけないのですが，このレアメタルの自然界での動きについては，まだまだよくわかっていません。わが国の土壌・地下水・植物などにはこれらのレアメタルが散らばっている可能性があります。例えば，カドミウムは鉱山から出た亜鉛鉱石，電池などの廃棄物から土壌へと散らばり植物へ濃集しています。そのために日本人のカドミニウムの摂取量は世界一高いという報告もあります。

これらのレアメタル，特に有害金属と指定されている金属（鉛・クロム・水銀・ヒ素・カドミウム・セレン・アンチモン・ベリリウム）の環境（土壌・地下水・河川水・生物）での濃度分布についての系統的調査をすることが早急に望まれます。

自然環境における有害物の環境悪化―環境ホルモンの例

自然環境は，人間社会からでてくる廃棄物を変化する力があり，場合によっては浄化することがあります。例えば，保持（吸着）・変質・希釈により浄化しています。しかしながら，環境が浄化されないで逆に環境が悪化してしまう場合もあります。例えば，最近大問題となっている環境ホルモン汚染はこの例といえます。

環境ホルモンというのは、ホルモンに似た働きをして、生殖機能などに悪影響を与えるとされる化学物質をいいます。従来、人体への化学物質による影響として、急性毒性・慣性毒性・発がん性がとりあげられてきましたが、環境ホルモンは、こういった影響ではなく生命の発生過程のある段階で、ごくわずかな量でも悪い影響があると考えられているのが特徴で、近年、大問題となってきました。

現在、環境ホルモンとして六十七位の化学物質の名前があがっています（ダイオキシン類・ポリ塩化ビフェニール類・アルキルフェノール類・ビスフェノールA等）。身体への影響としては、精子の減少・がん・子宮内膜症・免疫異常・発育障害・神経障害があげられています。

アメリカ合衆国の五大湖の一つであるオンタリオ湖ではPCBが生物濃縮しています。湖に入ったPCBは、植物プランクトン→動物プランクトン→アミ→キュウリウオ→マス→セグロカモメという小型生物→大型生物への食物連鎖を通して、通常の二、五〇〇万倍くらいにも達する例が示されています。このような濃縮は生物濃縮といわれています。この濃縮は、生物の関与しない無機的反応のみでは自然界ではけっして起こることのないものです。このPCBは、アラバマ州の工場で製造されたものがテキサスの製油所を経由して、食物連鎖の鎖を登り詰め、五大湖や北大西洋沿岸地方まで到達したと考えられています。食物連鎖を通すと、生物のまわりの環境（水・大気・土壊）へ化学物質があまりでることなく、希釈されることなく、むしろ濃縮が起こっています。このような例は、ＤＤＴや水銀でもみられています。海洋中では、植物プランクトンを動物プランクトンが食べ、動物プランクトンは小魚に食べられ、小魚は大魚によって食べられます。この過程で人間により放出され、海へ行ったＤＤＴや水銀が生物に濃縮しています。

閉鎖性海域での汚染

以上みてきた生物濃縮は、環境によって濃縮のされ方が非常に異なります。食物連鎖といっても、すべて生物だけの閉じられた環境ではありません。もともとは、土壌や水に入った化学物質を生物がおもに水からとりいれているのです。したがって、水・大気・土壌環境に有害化学物質が捨てられたとしても、これがすぐに分解したり、大量の水により薄められたとしたら、生物濃縮は起こりにくくなります。大量の水があるということは、水が流れているといってもよいのですが、もしも水のあまり流れない閉鎖環境であったならば生物濃縮が起こります。したがって、生物以外の環境が重要です。

図14をみてください。日本列島は多くの島からできており、島によって囲まれた海があります。日本列島の沿岸をみても、陸のほうへ入り込んだ形をした内湾が多くみられます。このような地形は景観はよいのですが、これがじつは環境にとってはよくない地形なのです。

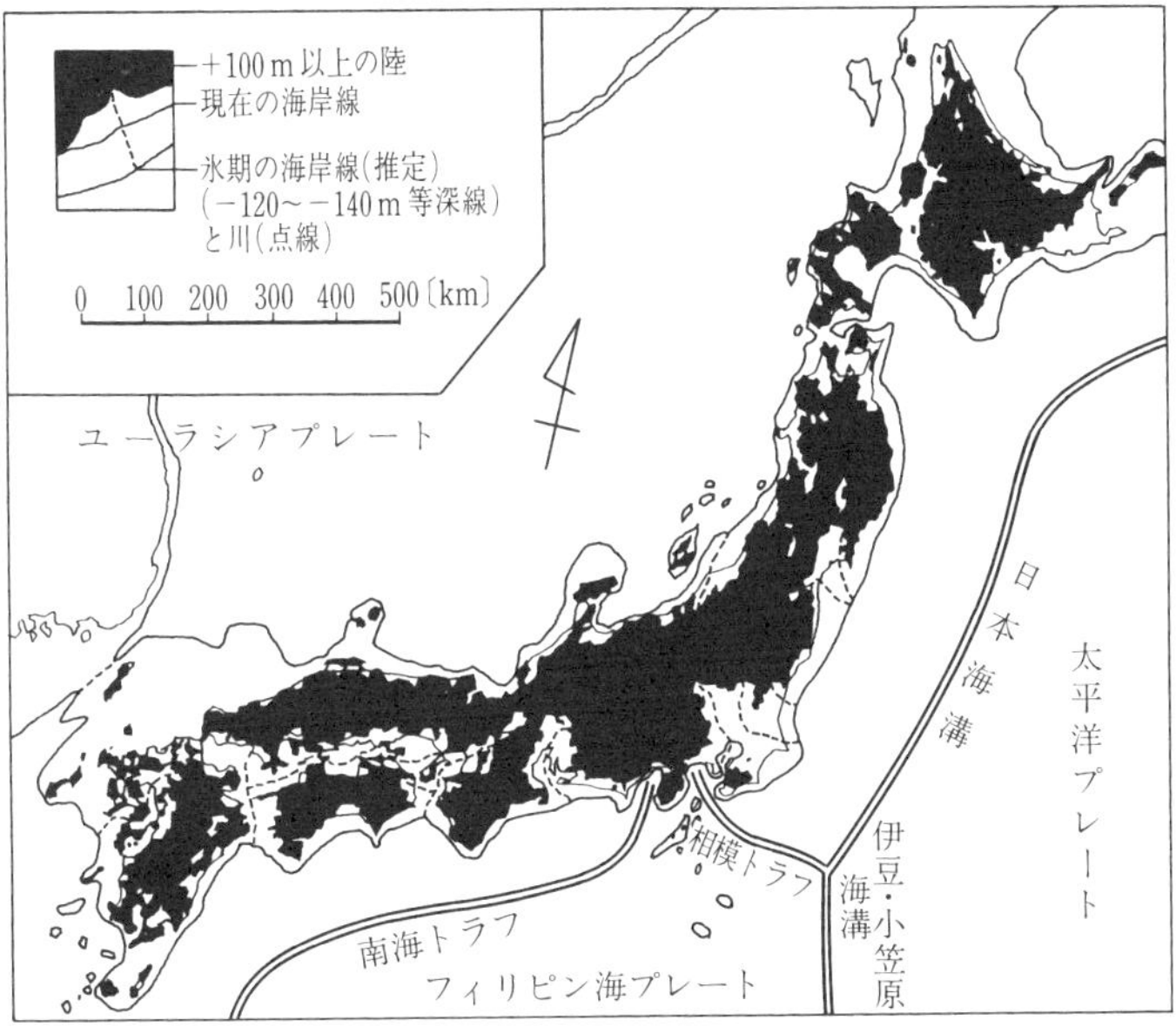

図 14　日本列島付近のプレートおよび現在と氷期—間氷期および 100 メートル沈水したときの日本列島の海岸線（貝塚爽平：平野と海岸をよむ，岩波書店（1992）より）

それでは、日本列島はなぜこのように湾の多い海岸線が入り組んだものとなっているのでしょうか。それは、日本列島のおかれた地質的・気候的条件によっています。図14に示すように、日本列島は三つのプレート（太平洋・ユーラシア・フィリピン海プレート）に囲まれています。これらのプレートはおたがいにぶつかり合っており、海側のプレートはマントル深くへと沈み込んでいます。プレートがぶつかり合い、沈み込みが起こると、隆起と沈降が起こります。隆起して山ができると、これらは雨や風によって侵食作用を受け、凹凸のある地形ができます。この作用が長期間続けば、地形は平坦になっていきます。もしも、凹凸のできた起伏の大きい地形が急に沈降したり、また、海水準が急に上昇したらギザギザの多い海岸線ができます。プレートの沈み込みが起こっているところでは、陸上から岩石が運ばれて海底にたまったとしてもプレートとともに深いところまで沈み込んで深い溝（例えば、日本海溝）ができます（図14）。このような溝があるところでは、大きな湾ができます。例えば、駿河湾や相模湾はこのようなプレートの境界部にあたると考えられています。一方、無数にある小さな湾（リアス式海岸）のでき方はこれとは異なります。リアス式海岸は、海水準の上昇により陸のほうへ海水が進入してできたものです。もとは川の侵食作用がつくった陸上の谷といえます。日本のように降雨量が多く急峻な地形のところでは、谷地形ができやすいのです。

このようにしてできた閉鎖性海域は、汚染が特にひどくなります。例えば、図15は、東京湾の海

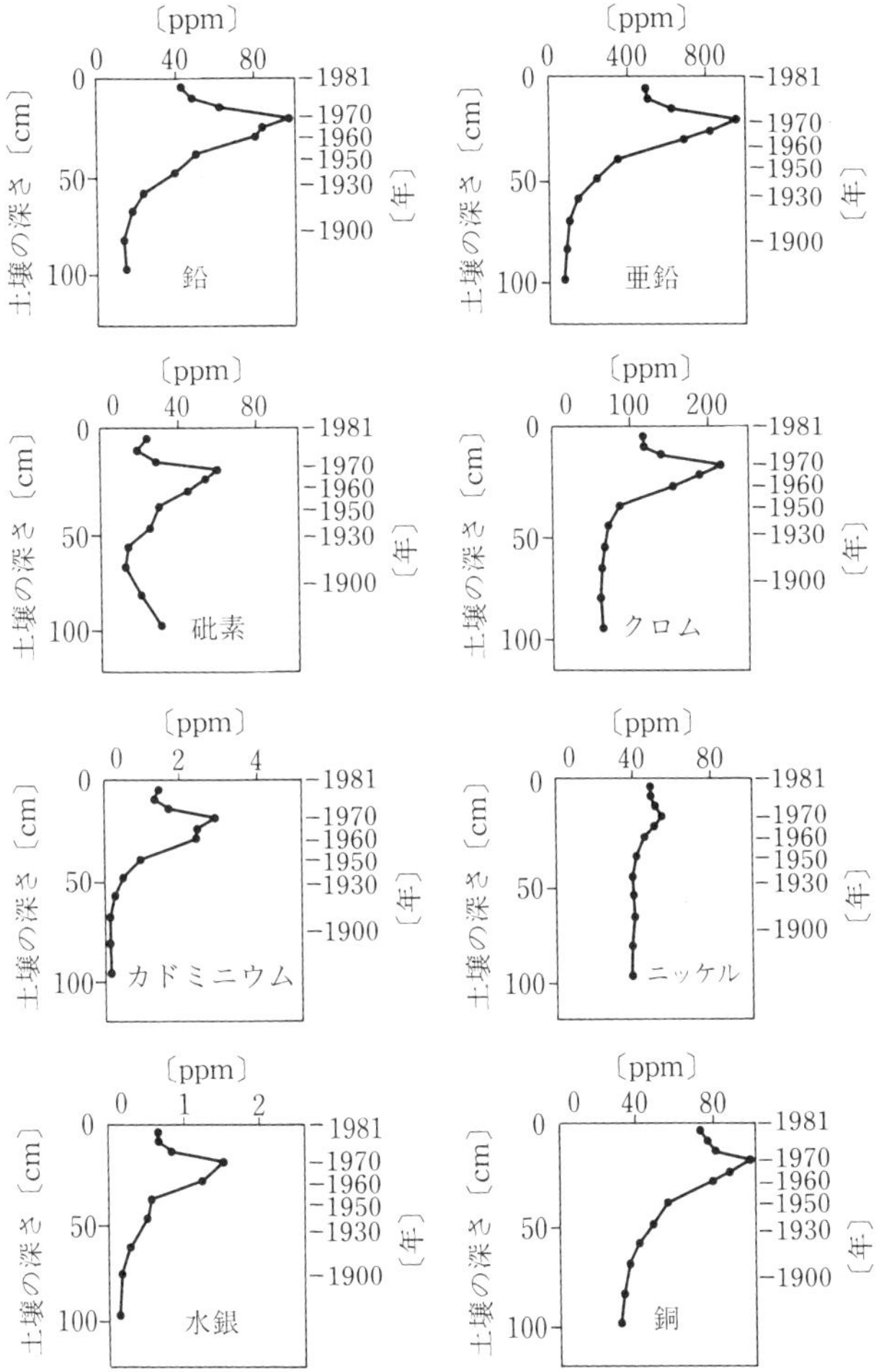

図 15　東京湾底泥の重金属含有量（松本英二：地球化学，17，27-32 (1983) より）

底堆積物中の重金属濃度の時代的な変遷を示したものです。これより、東京湾では、一九五〇年から一九七〇年の戦後の工業発展期に重金属汚染が進んだといえます。一九七〇年以降は、汚染が少なくなっていますが、これは工場から出る排水中の重金属濃度に関する基準が決められたことによります。濃度は低くなりましたが、自然のバックグラウンド値よりかなりの高濃度となっています。

汚染は閉鎖性海域だけではなく、それ以外の海域でもかなり広がってきています。例えば、一九八八年、一七、〇〇〇頭もの銭形アザラシが北海で死亡し、この原因としてなんらかの形で廃棄物が関係しているといわれています。これ以外にも海洋投棄による生物の被害例は多くあります。このようなことにより、一九九六年にはロンドン条約によりほとんどの海洋投棄が禁止されました。すなわち、それまでは、海は無限の希釈力をもち、海に棄てれば希釈・浄化されると思われていたのが、けっしてそのようなことはないということが、はっきりしてきたということです。

この閉鎖性環境は、汚染のなかった時代には、生物にめぐみを与えていました。例えば、生物にとって役に立つ栄養（リン・窒素・カリウム・有機炭素など）を多く含む肥沃な土が河川によって運ばれ、海生生物が繁殖をしました。このおかげで縄文文化が花開いたともいわれています。閉鎖性海域では、このような栄養物が海底に堆積し、ここから栄養物が海へと溶け出します。ところが、近年、このような海域環境にも大きな異変が起こっています。それは、自然の海岸のほとんどが人工の海岸に変えられ，多くの浜の砂が消えてしまいました。その原因としては，ダムがつくられ，土砂が川によって運ばれなくなったこと，浜から砂利（コンクリート用など）が多くとられてしまったこと，河川の水量が減っていることなどがあげられます。閉鎖性海域であっても栄養に富んだ土砂が運ばれてこなくなると，海生生物が消滅してしまうでしょう。海の底の堆積物の量が減れば，堆積物による海水中の汚染物質の吸着量が減ります。海へ運ばれる土砂，海底の堆積物，海水中の濃度やこれらが生態系に与える影響を系統的に詳しく調査するべきであると考えます。これらの調査は簡単なことではありません。なぜならこれらの変化は人為的作用だけでなく，自然的な作用によっても引き起こされるからです。例えば，陸が侵食され河川によって運ばれる土砂の量は，降水量・気温・生態系などの自然の変化によって大きく変わります。近年，砂漠化という問題が起こっていますが，このおもな原因として人為的作用があげられています。この作用には，過放牧・農地の拡大・森林破壊・ダムの建設・都市化があげられます。しかし，このほかにも自然的要因もあるかもしれません。気候変動は自然作用により起こります。温度変化・乾燥化・湿潤化は自然作用により起こり，この起こり方は，場所によって異なります。この例のように，いわゆる地球環境問題では，自然作用と人為的作用の影響の仕方の違いを知ることはきわめて難しいのです。科学的に人為的作用が何パーセントで，自然作用が何パーセントと決めることはなかなかできません。このことは廃棄物問題でも同じです。しかし，科学的に難しいといって，なにもしないでよいかというと、そういうことではいけません。人為的影響の可能性があり、人間や生物にとって大きな悪影響を与える可能性があるならば、その問題の解決へ向けてさまざまな対策をたてるべきであると思います。環境問題・廃棄物問題とはそういう問題なのです。しかし、すべての問題をとりあげることはできません。全体的見通しの上にたって、優先順位をつけて取り組んでいくことが大切です。

話が少しずれてしまいましたが、閉鎖性海域の問題に戻ってみましょう。いま、閉鎖性海域で最も問題になっているのが、魚介類のダイオキシン汚染です。このダイオキシンは、以前から発がん性物質として知られ、人間や生物にとって最も危険な物質の一つであります。最近では、環境ホルモン物質であることもわかってきました。

最近、世界保健機構では、耐容一日摂取量（一日の許容摂取量で、毎日摂取しても健康への影響面から問題がないと考えられる量）をこれまでの体重一キログラムあたり十ピコグラム（一ピコは一兆分の一）を半分以下の四～一ピコグラムに引き下げることにしました。これは、いままでダイオキシン類の発がん性だけを考慮していたのを、このほかに生殖に悪影響を与える内分泌撹乱作用（環境ホルモン）や体内への吸収率を考慮することにしたためです。私たちは、摂取量を控えることや、ごみ焼却場から出されるダイオキシン類の量をできる限り抑えることはもちろんですが、すでに環境に捨てられたダイオキシン類の調査をし、それを除去する努力をすべきだと思います。

魚介類中のダイオキシン濃度は、ほかの食品に比べて最も高いものです（表4）。特に、日本近海の魚の濃度が高いといわれています。その原因は、わが国のごみ焼却量が世界の中で最も多く、そのために大気や土壌がダイオキシンに汚染されていることが原因です。日本人が魚介類を好んで食べているのは承知のことですが、食べる量が多く、しかもそれが最も汚染されているのですから、日本人のダイオキシン摂取量は、ほかの国の人々に比べて高いのは当然のことで、日本人の体はダイオキシンに汚染されてしまいます。この原因として、沿岸海域が汚染され、しかもこの海域が閉鎖性であり、それは自然条件のためであるともいえるのです。

沿岸海域だけでなく、日本の土壌はダイオキシンに汚染されていると思われますが、その実態の解明はなされていません。いま、ごみ焼却場付近の土壌中のダイオキシン濃度の検査が行われていますが、もっと広い範囲の土壌がダイオキシンによって汚染されている可能性があります。いままでに捨てられた焼却灰・野焼き跡などでの調査が必要です。これらに存在するダイオキシンと土壌との相互作用に関する研究や土壌からのダイオキシンの除去技術の開発研究など行うべき課題は山積しています。有害有機物は、水によく溶け揮発性も高く移動性の大きいものです。また、一般には、岩石類や水に溶けているミネラル成分と反応しません。したがって、これを自然の作用で浄化することは難しいといえます。また、生物濃縮も起こり、低い濃度でもきわめて毒性の強いものです。したがって、最もやっかいな汚染物といえるでしょう。しかし、自然の作用でなんとか除去や

表 4　食品中の平均的なダイオキシン類濃度と摂取量

	1グラムあたりの濃度〔ピコグラム〕	1日あたりの摂取量〔ピコグラム〕
魚介類	1.19	105
牛乳・乳製品	0.16	18
肉，卵	0.15	17.5
緑色野菜	0.17	11
野菜，豆，果物等	0.001～0.02	4.4
調味料，油脂等	0.04 ～0.18	4.2
砂糖，菓子	0.08	3

浄化ができないでしょうか。この一つの試みとして、粘土鉱物による吸着作用を利用する方法があります。粘土鉱物自身は、有機物とはなじみませんが、界面活性剤で処理した粘土鉱物を使うと、有害有機物を吸着することができます。この粘土を燃焼処理すれば、ダイオキシンが分解されます。この場合、天然物そのものではありませんが、スメクタイトという粘土鉱物を変化させ、吸着しやすいスメクタイトにしてダイオキシンの多い土壌に混ぜ、吸着させ、スメクタイトごとダイオキシン処理すればよいということになります。スメクタイトはカオリナイトと並んで最も多い粘土鉱物ですので、簡単に手に入りますし、このような天然物を使うことはたいへん利点のあることです。

このほかの方法として、汚染が汚染源からあまり広がっていない場合には、汚染された地下水を汲み上げたり、土壌をとりだし、浄化したり、除去する方法があります。しかし、汚染の範囲を把握することが難しい点や地下水をいくら汲み上げても、土壌が汚染されていると、そこから地下水へ移動し、結局は汚染されてしまうことが多いので、広い範囲の汚染を浄化することはたいへん難しい作業です。

大気へ放出される廃棄物の行方―海・生物・土壌・岩石による除去

二酸化炭素の処分方法

近年、人間社会から放出される二酸化炭素の量が急激に増加していることは図11で示しました。また、大気中の二酸化炭素の濃度も急激に高くなっており、この原因が人間により放出されることによるということがほぼ明らかになっています。そして、近年の温暖化がこの二酸化炭素の濃度の増加によるということが指摘されています。このような温暖化が将来的にも起こると、さまざまな現象が自然界で引き起こされ、人間社会が多大な影響を受け、場合によっては人類が存亡の危機に立たされるということもいわれています。例えば、海面上昇・乾燥化・砂漠化などが起こり、農業・漁業・工業が多大な影響を受け、環境難民の発生・都市のスラム化などが起こるであろうといわれています。ここでは、現在、この問題を解決するためになされているさまざまな努力の中から、工場から排出される二酸化炭素の除去方法について述べ、その限界を示し、二酸化炭素の処分は、自然の作用を利用するのがよいことを指摘します。

人間社会から大気へ二酸化炭素が大量に排出されていますが、その発生源を分散発生源と固定発生源に分けて考えることができます。分散発生源は、家庭や自動車からの発生で、量的に少なく、また、ガス中の二酸化炭素濃度が低いので回収はなかなかできません。この場合は、二酸化炭素を排出しない自動車をつくるなどして、二酸化炭素を出さないようにしなくてはいけません。固定発生源として、火力発電所・製鉄所・セメント工場などの化学産業があり、これらからは、大量の二酸化炭素がでてきます。排出ガス中の二酸化炭素の濃度が高いことが特徴です。したがって、この排出ガス中の二酸化炭素を回収することが可能です。現在行われている回収法は、吸収法・吸着法・膜法ですが、問題点としては、回収した二酸化炭素を再利用する場合、化学的有用品に転換するためには多大なエネルギーコストがかかるという点であります。エネルギー源として、化石燃料を使い、これによって二酸化炭素が発生したのでは意味がありません。このほかの問題は、二酸化炭素を回収したとしても再利用しないのなら、これを処分しなくてはいけない点です。大量の二酸化炭素を保管しておくわけにはいきません。どこかへ処分しなければならなくなります。そこで、いまのところ自然界への処分法が考えられています。このおもな処分方法を表5に示しました。

表5(a)の中では、陸上植物が吸収する炭素量が最も大きいので、この陸上植物の成長を促進することができれば、二酸化炭素の吸収源として期待できます。近年、大気中の二酸化炭素量が毎年増加してきましたが、一九九四年のＩＰＣＣ特別報告書で、北半球中・高緯度の森林が成長し、その有機物に蓄積効果（〇・五±〇・五ギガトン／年）のあることが明らかにされています。したがっ

て、森林管理をうまくして、なるべく二酸化炭素のシンクとして働かせるようにすれば、大気から効率的に二酸化炭素を吸収することが可能かもしれません。しかし、まず人間が本当に森林量を増やすことができるのかが問題です。森林量が増えたとしても、枯れていく森林量が増えればなんにもならないので、いかにして森林量をコントロールするのかが問題でしょう。北方林は増えるかもしれませんが、熱帯林についてはいまのところはっきりしていません。熱帯林は増えても分解する速度が速いので、二酸化炭素のシンクとならないという指摘がなされています。

海生生物を利用する方法も多くの問題があります。藻類などの水生植物は、量的に少ないので、

表 5　二酸化炭素の自然作用による固定と貯蔵・投棄

（a）　自然の固定プロセスの利用
・植林―陸上植物による固定の促進
・藻類の育成―水生植物による固定の促進
・海洋への吸収の促進
・施肥による植物プランクトンの育成
・珊瑚礁による固定の促進
（b）　人工的貯蔵・投棄
・地中（廃油井・天然ガス廃坑）などへの貯蔵
・砂漠への海水導入による炭酸カルシウムの固定

二酸化炭素のおもな吸収源となるかどうかが問題です。また、ほかの生態系に対する影響も考慮しないといけません。

珊瑚礁については、珊瑚礁がはたして、二酸化炭素のシンクとなるか放出源となるのかという根本的問題もあります。最近は、放出説のほうがシンク説よりも強いようですが、もっと詳しい研究が必要でしょう。また、大気中の二酸化炭素が増え、温度が高くなれば、珊瑚の白化現象が起こり、珊瑚が逆に死滅してしまうかもしれません。また、シンクになるにしても十分な量の二酸化炭素を吸収するかについてが疑問です。

以上の森林・水生生物・珊瑚礁などの生態系は、気候変動によって大きく影響を受けます。この気候は、この先大きく変動する可能性があります。現在は間氷期で、将来的には氷河期に変わっていくといわれています。しかし、この変動は数万年くらいかけてゆっくりと起こるものです。気候変動は、最近までこのミランコビッチサイクル（注1）によって決められていると思われていました。しかしいままでは、ダンスガード・オンシュガーサイクルというたいへん急激な気候変動が起こるということがわかってきました。このサイクルは、氷山の流出によりもたらされると考えられて

（注1）　ミランコビッチサイクルとは、地球軌道の長期変動の周期で、四十一、十、四・一、二・三、一・八万年の周期があり、これにより、第四紀（一六〇〇万年前〜現在）の気候変動が大きく影響を受け、氷期—間氷期サイクルが起こっています。

おり、数百年間で寒冷化し数十年でもとの気温に戻るという急激な環境変動です。このようなことが起こったらたいへんなことになります。急激に森林量が変化し、大気中の二酸化炭素量が急激に変化するかもしれません。

人工的貯蔵投棄も有力な方法です。二酸化炭素を液化・固定して深海底へ投棄し、二酸化炭素プールをつくるという局所的貯留型処分法の計画があります（図16）。これにより二酸化炭素が大気・海洋から隔離されます。しかし、問題はこれが本当に隔離されるのか、また将来的にも隔離され続けるのか、液化二酸化炭素が海底の窪みにたまり、これがまわりの海流によりかき乱され、分散していかないか、ということです。海洋のpHや二酸化炭素濃度が変化すると、生態系に影響を与えることも問題です。

このほかに、二酸化炭素を浅層の海洋に広く溶かし込ませ、希釈させ処分する方法もあります（図16）。しかし、海洋は表層水・中層水・深層水に分かれ、表層水だけでは十分な量の二酸化炭素を吸収しません。また、表層水と中層水・深層水を人工的に混合させることはたいへん難しいことです。

このほかに中深層水への投入やドライアイスによる投棄という案もありますが、これらはたいへんに難しい処分法です。

砂漠では、乾燥気候のため水分が蒸発し、炭酸塩が折出しているといわれています。したがっ

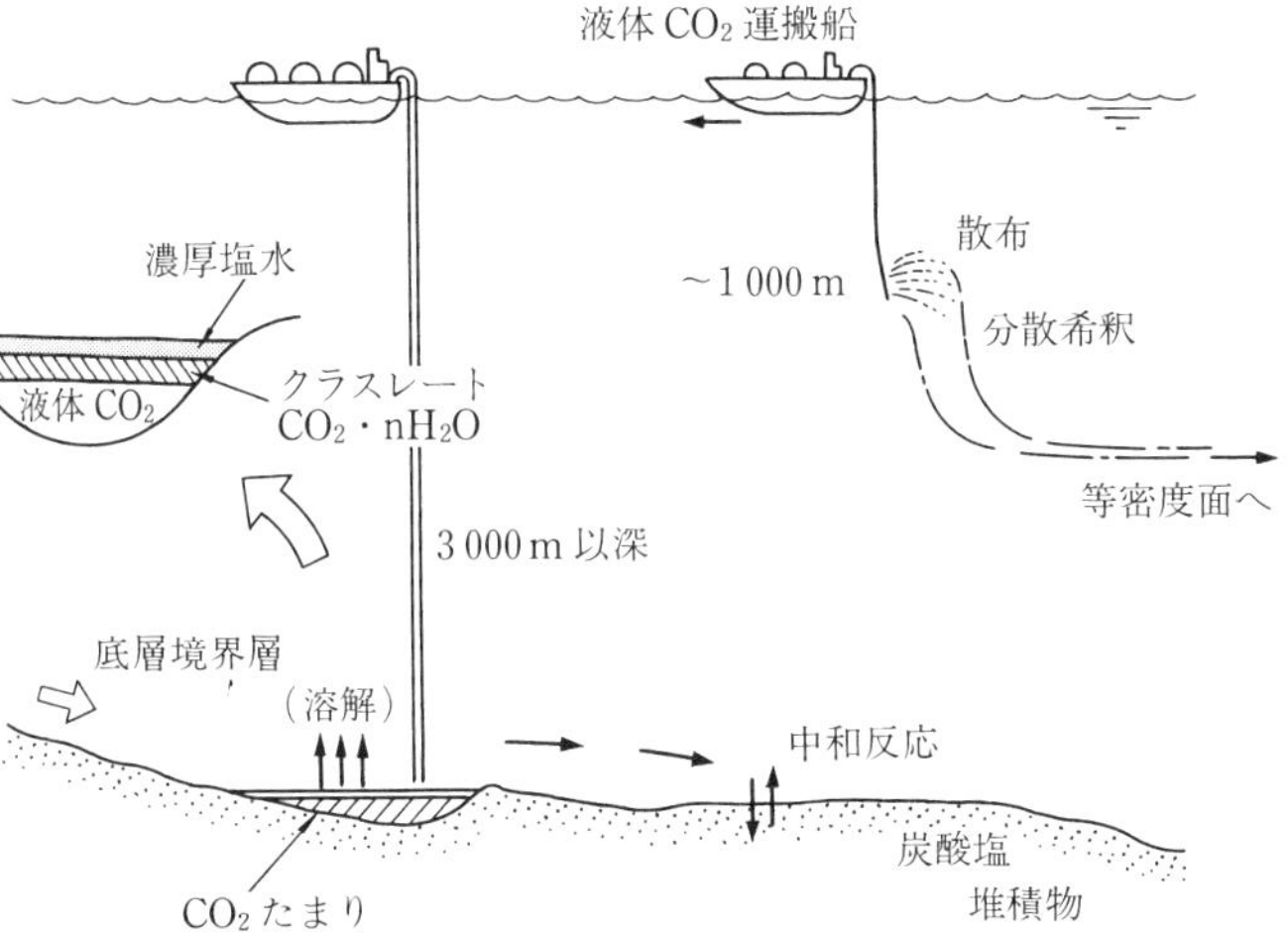

図 16　液化二酸化炭素注入の代表的方法

（深海底貯留と中層放流溶解）

て、大気中の二酸化炭素濃度が高くなり、温度が上昇し、乾燥気候となり、砂漠化が広がると炭酸塩が砂漠に析出し、大気の二酸化炭素のシンクとして働くことも考えられます。したがって、このようなことを人工的に行い、大気から二酸化炭素を吸収する計画もあります（これをデザート・アクア・ネットといいます）（図17）。しかし、これにも大きな問題があります。それはまず、砂漠中の炭酸塩が上のようなメカニズムでできたのかがはっきりしていません。砂漠中の炭酸塩のもととの起源として、石灰岩である可能性もあります。また、砂漠でできている炭酸塩の量の見積もりが正確になされていません。今後はこのようなことを明らかにし、さらに実際に砂漠を使って炭酸塩を析出される実証的研究が必要とされます。

このほかに、風化作用によって大気中の二酸化炭素が取り除かれる反応が自然に起こっています。この場合は、岩石中の珪酸塩が炭酸によって分解される反応によって大気中からの二酸化炭素が河川水などの表層水にとられ、これが海洋にいきます。しかし、このような反応速度は遅く、大気中の二酸化炭素を効率的に除去するとも思えませんが、これについても正確な見積もりをし、場合によっては、人工的にこの風化作用を促進する方法を考えてもよいと思います。

いままで述べた方法は、もともと地中にあった化石燃料資源からでてくる二酸化炭素を地表・海洋環境（森林・砂漠・珊瑚礁など）に固定するというものです。すなわち、岩石圏という深部から地表への移動を起こすというプロセスです。地表付近で二酸化炭素が固定されるのですから、これ

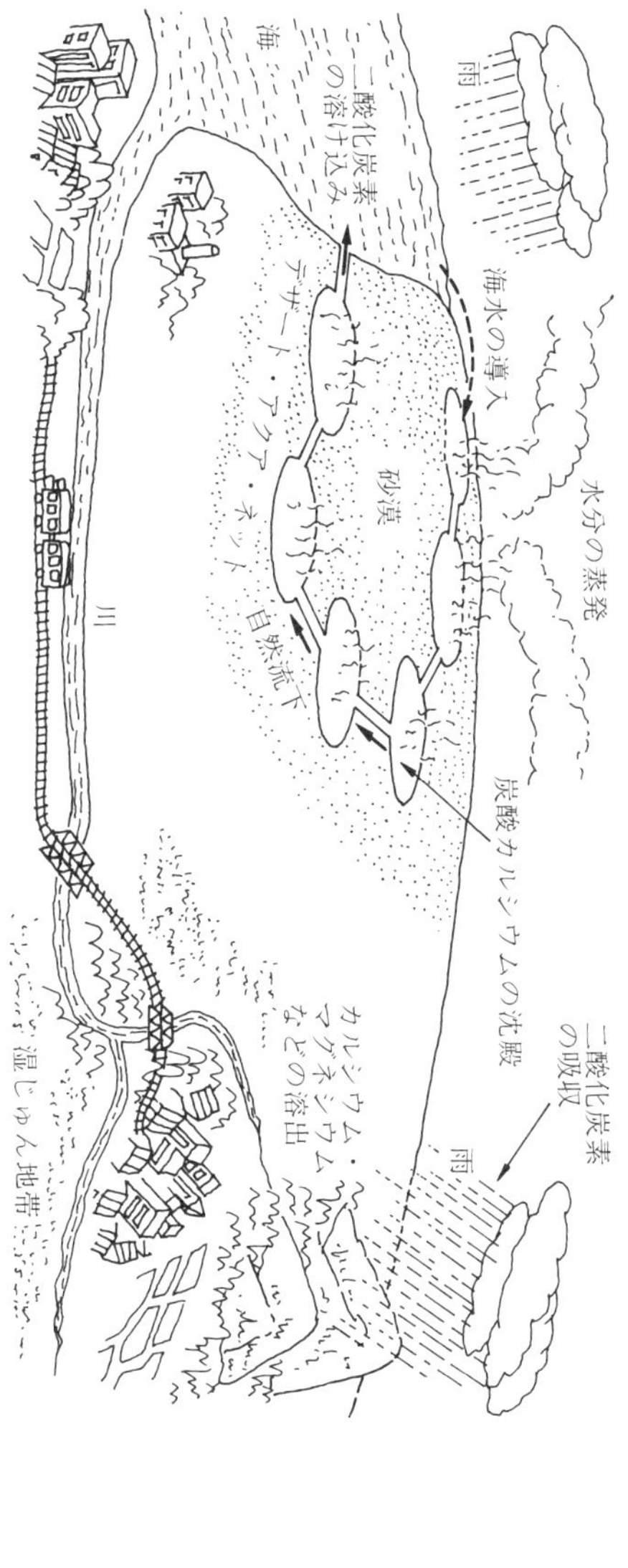

図 17　大気中の二酸化炭素が砂漠に固定される模式図（慶應義塾大学理工学部エネルギー環境研究グループ編：二酸化炭素問題を考える，日本工業新聞社（1994）より）

が再び短期間で大気に戻ってしまう可能性があります。特に、急激な気候変動によってこのようなことが起こる可能性があります。したがって、これを予測できない限り、たとえ珊瑚礁・森林・砂漠に二酸化炭素を固定することができても、急激にこれが海洋・大気へ再び戻ってしまうという可能性を否定できません。この急激な変化を人間がコントロールすることはできないのです。

そこで、このような二酸化炭素の除去法ではなく、最も期待されている方法が、二酸化炭素の地中処分法です（図18）。地中へ埋め、二酸化炭素を長期間隔離することができれば、この方法が最も安全であると考えられます。この処分法は、ほかの方法に比べて急激な環境変動の影響を受けにくいと考えられるからです。

地球環境産業技術研究機構の小出氏を初めとする研究グループは、日本が一九九〇年に排出した二酸化炭素の八パーセント分を国内の陸の下やその周辺海底の地下に封じ込めることができると見積もっています。地下の深いところでは、温度と圧力が高くなり、二酸化炭素は超臨界状態となります。この状態では、二酸化炭素の体積は地表の三〇〇分の一になって、水に溶ける量が二〇〜三〇倍にもなります。日本の地下には、地下水が豊富に存在しており、ここに地表から二酸化炭素を圧力をかけて送り込めば、二酸化炭素は地下水の流れが遅いために、安定な地下に長期間とどまっています。

この方法は、大気からの二酸化炭素除去の有力な方法ですが、いくつかの問題点があります。それは、①二酸化炭素を封じ込めるためには、二酸化炭素をそのままなにもしないで大気に排出するよりはエネルギーが必要で、多少コストが多くかかります。②二酸化炭素を地下水に溶かした後の地下水の挙動についての研究が不十分です。例えば、二酸化炭素を多く含んだ地下水が移動

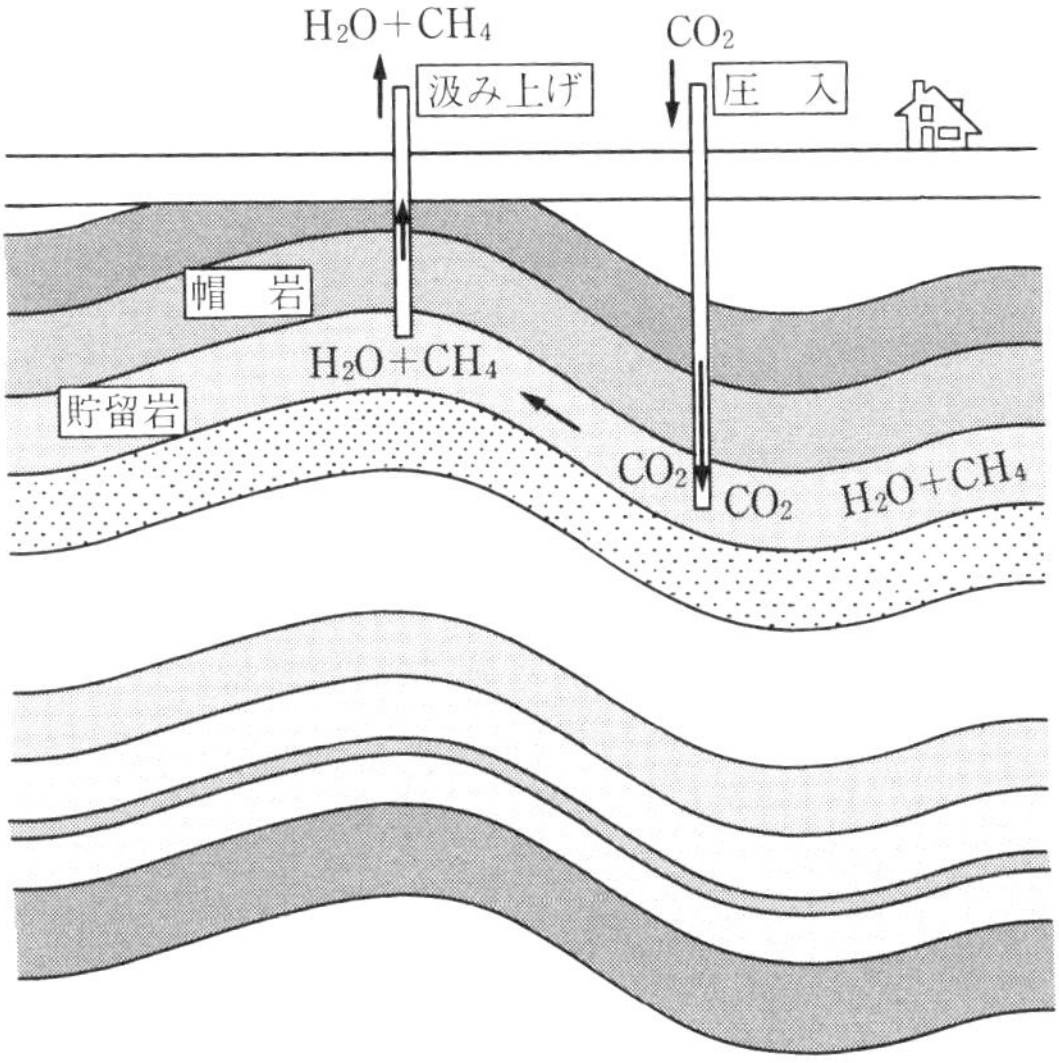

図18　天然ガス層・帯水層への二酸化炭素圧入とメタンの回収（化学工学会監修，久保田宏・松田智著：廃棄物工学，培風館（1996）より）

し、まわりの岩石と反応すれば炭酸塩ができるでしょう。そうすれば、二酸化炭素は岩石にとられるのですから、二酸化炭素は岩石により固定されます。この炭酸塩化を起こしやすい岩石もあれば、起こしにくい岩石もあるはずです。どのような岩石が炭酸塩化を起こしやすいのかを調べて、二酸化炭素の地中処分地を選ぶべきでしょう。二酸化炭素が岩石によってとられなく、かつ地表まで達する断層ができたら、二酸化炭素は地表までででいってしまうかもしれません。この二酸化炭素の地下でのふるまい方についての詳しい研究が必要であると思います。この方法は、比較的気候変動の影響を受けにくいのですが、まったく受けないわけではありません。気候変動が起これば地下水面が変化し、地下水の流れが変わります。二酸化炭素は地下水中に溶けるので、地下水によって二酸化炭素の動きが変化します。この変化は緩慢ですが、将来どのくらい先まで二酸化炭素の動きを予測しなければいけないかが問題となります。

二酸化炭素を地中に処分するといいましても、地中にはさまざまな場所があります。例えば、この候補地として廃ガス田・油田・帯水層（地下水にも淡水・塩水があります）が考えられていますが、これらのまわりの地質環境もさまざまです。地質環境の違いで地下水の流れ方や二酸化炭素と岩石との反応性も違います。これからは、これらについて調査し、どういう場所が処分地として適しているのかを調べないといけません。私は、この地中処分が最もよい方法と考えていますが、これはまだまだ実証的研究が少なく、ほかの方法についても同様なことがいえます。また、この種の研究は実証的研究だけでは危険を伴います。例えば、十年間くらいの森林に関する研究をしても、この間にダンシュガー・オンシュガーサイクルのような急激な気候変動はおそらく起こらないでしょう。しかし、今後一〇〇年間で急激な気候変動が起こるかもしれないのです。したがって、このようなことがどのくらいの確率で起こるかを推定していくのはもちろんのことですが、もしも起ったとしたらどのような変化が起こり、その結果、大気中の二酸化炭素量がどのくらいになるのかを求めていかないといけません。このことを推進するには、シミュレーションを行うこととナチュラルアナログ研究（過去の地質事象を調べる研究）という方法があります。これらについては本章の「放射性廃棄物などの地中・地層処分」でもっと詳しいことを述べたいと思います。

土壌・岩石による酸性雨の浄化

石油・石炭などを燃やすと大量に二酸化硫黄や酸化窒素が発生します。これらは大気へいき、雨水に溶け込み酸性雨となります。この酸性雨は、ヨーロッパ・北米（アメリカ・カナダ）・中国・日本などで降っています。これらの地域に降る雨水のpHは、それぞれの地域でも場所によって異なりますが、低いところは4まで下がっています。日本の雨水のpHは四・二〜五・二の範囲で、日本全体で酸性雨が降っています。アメリカ全土では四・三〜五・六、中国では四・〇〜七・〇、ヨーロッパでは四・三〜五・三となっています。この雨水のpHは、季節・雨量・雨の降り始めと後では変わってきますので、一概にはいえないのですが、日本の雨水のpHは世界的にみてもかなり低いほうであるといえそうです。このようなpHの低い雨の降るヨーロッパ各地・北米では、湖沼・河川水の酸性化・それに伴う魚介類の絶滅・森林の消滅という問題が生じています。しかしながら、日本ではpHの比較的低い雨が降っているのにもかかわらず、目立った被害は生じていません。もちろん被害がまったくないわけではありませんが、森林が広い面積にわたって枯れたり、多くの湖が酸性化して魚が絶滅してしまったという被害は起こっていません。この原因として、以下の①〜⑦の考えが出されています。

① 日本の地質は新しい時代にできた岩石（凝灰岩・火山岩など）からなり、これらは反応性に富んでいます。反応によって酸性の雨水は中和され、pHが上昇します。また、プレート境界にあるために、岩石中に多くの割れ目がみられます。この割れ目に沿って雨水は地下に浸透していきます。ところが、大陸では古い時代にできた岩石（花崗岩・変成岩など）が多く、これらは固く、反応性に富んでいません。固いと雨水が地下にあまり浸み込まず、酸性の雨水が表面水となり、河川・湖沼に入り込みます。しかし、大陸地域でも反応性に富んでいる石灰岩が多いところでは、酸性雨は石灰岩によって中和され、被害はあまり出ていません。

② 日本は湿潤気候で降水量が多いため、大気中の二酸化硫黄・酸化窒素が雨水に溶けてもpHがあまり低くならないことが考えられます。雨量が多いと、大気中に雨水が滞留している時間が短

く、大気中の二酸化硫黄・酸化窒素をあまり溶かし込まないので、pHは低くなりません。ところが、雨量が少なく霧ができると、これらは二酸化硫黄、酸化窒素を溶かし込み、酸性霧となります。この酸性霧は、植物にくっついて森林に被害を与えます。

③　日本の地形は一般に急峻のため、酸性雨が降っても河川により流され、短期間で海まで運ばれます。ところが、欧米諸国などの大陸地域では湖沼が多く、そこで酸性雨が長期間滞留し、湖沼生物に被害を与えます。

④　日本は湿潤温暖な気候であるということと、酸性の火山物質が入り、もともとの土壌が酸性で、この条件で森林が定着しているために酸性化に対する森林の抵抗力が強いと考えられます。

⑤　土壌に大量にまかれた肥料が分解し、放出されるガスなどのアルカリ性の汚染物質が酸性雨を中和しています。

⑥　中国からくる黄土が雨水を中性化する働きをもっています。

⑦　日本では、石油の燃焼によって排出される二酸化硫黄ガスを取り除く脱硫装置をとりつけているため、二酸化硫黄ガスの放出が少ないといえます。

以上ですが、上の中で、⑤、⑥、⑦がおもな原因であるとは考えにくいと思います。それは、これらがおもな原因であれば、日本では酸性雨はあまり降ることがないからです。ところが、酸性雨は実際に降っているのです。酸性雨の硫酸イオンの多くが大陸起源の硫酸イオンであるといわれていることも⑥ではないことを示唆しています。

①〜④は、おそらくすべて正しいと思われます。これらの中で特に①の影響が強いのではないかと私は考えています。

日本では雨が降った後、植物・土壌から蒸散・蒸発し、地表を流れ、河川に入る雨水もありますが、多くは地下に浸み込みます。この原因としては、乾燥気候ではないということもありますが、地層が新しく雨水を地下によく浸透するということが考えられます。地下に雨水がいくと、雨水は岩石と反応し、pHが上昇し中性・アルカリ性になります。こういう地下水が河川に多く入るので、河川水・湖沼水のpHはそれほど低いものとはなりません。そこで、重要なのは、地下に浸透していった雨水がどういう岩石と反応するのかです。岩石の種類・岩石中の割れ目・空隙率・岩石を浸透していく雨水との反応時間が問題となります。日本の岩石の多くは、凝灰岩・火山灰などで、これらはガラスからできており反応性に富みます。凝灰岩・火山灰は、水との接触面積が大きく、そのために反応が進みます。ところが、地下の深いところでマグマから固まってできた花崗岩や地下の温度・圧力の高いところでできた変成岩は、化学的な反応性に乏しく、また、緻密で水が中に入り込みにくいのです（図19）。日本列島は大陸地域に比べると、相対的に若い岩石（凝灰岩・火山灰）が多いのですが、このほかに花崗岩や変成岩もあります。花崗岩は比較的若い時代（白亜紀）にできたもので、大陸地域の花崗岩（先カンブリア時代のものも多い）より新しいのです。日本列島

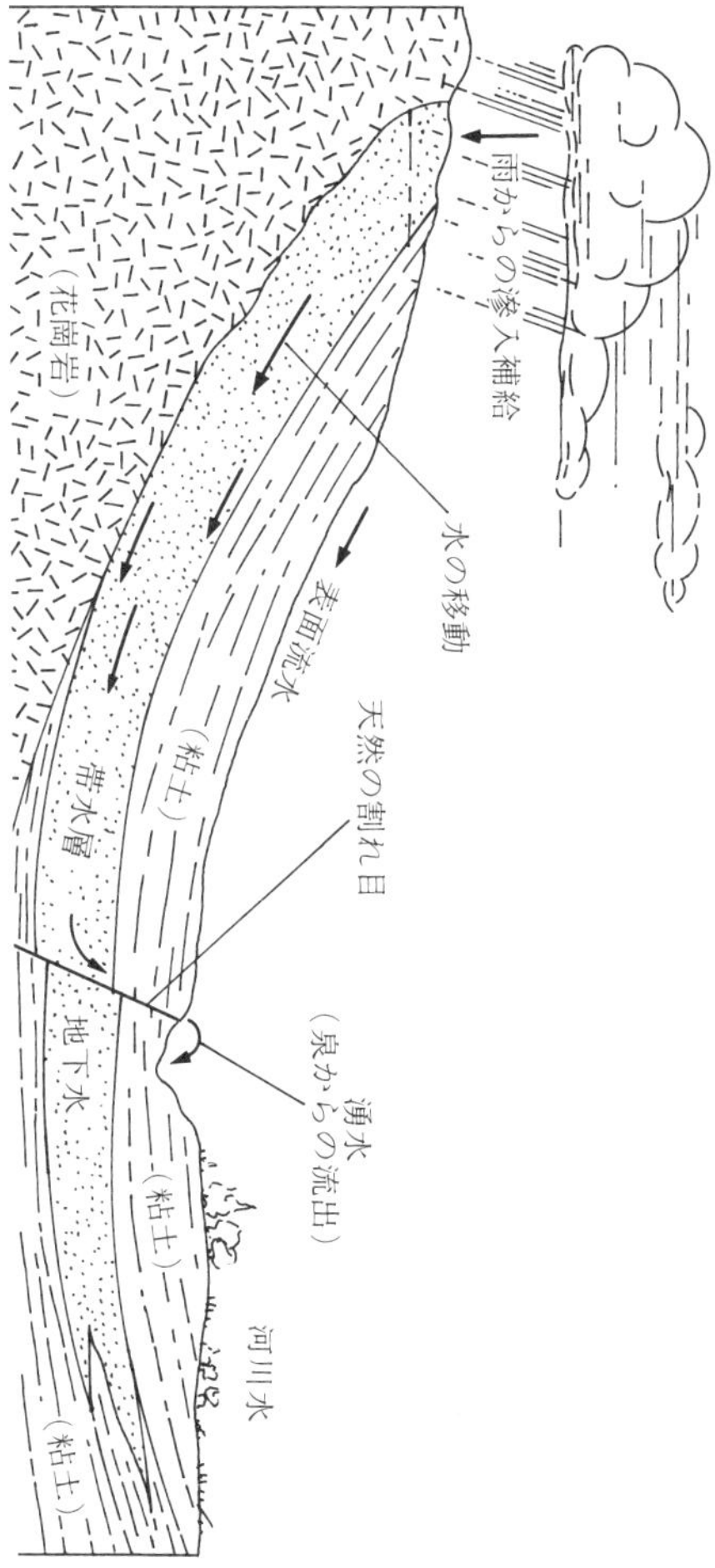

図19　雨水より河川に至るプロセス

は、太平洋プレートとフィリピン海プレートに押され、圧縮され、多くの割れ目・断層ができています。このような割れ目や断層を通り、水が地下に浸透していきやすいと思われます。大陸地域では、雨水はゆっくりと地下に浸透していきます。この場合も割れ目に沿っていくでしょう。そして、地下の深いところで地下水が流れます。そして古い時代の地下水が地表に出て、これが河川・湖沼に入り込みます。この地下水のpHは高いのですが、pHの低い表面水のほうが多く河川・湖沼に入り込むために河川水・湖沼水のpHが低くなるのです。

以上述べましたように、日本の場合は雨水が土壌・岩石と反応し、地下水が一般的に中性〜アルカリ性になり、これが河川水に入っていくので、河川水もあまり酸性とはなっていません。しかし問題もあります。それは土壌中にかなりの肥料がまかれている点です。この肥料によって土壌が酸性化されることがあります。そうすると土壌水は酸性の水となります。また、土壌中には有機物が多く、これが分解すると二酸化炭素が発生し、これが水に溶け、土壌水は酸性になります。こういう酸性水が多く入る浅層地下水や河川水は酸性化されます。また、これらの水へはNO_3^-などの有害物質が入ってきます。このようなことを改善するための方策をとらないといけませんが、このような取り組みはまだまだ不十分です。いままでは、なるべく多くの収穫をあげるために、土壌の改善がされてきました。今後は土壌から排出される水についても考える必要があるでしょう。汚染物質の発生源の近くだけでなく、もっと広域的な土壌浄化が必要ですが、これは容易なことではありません。地下水の性質を考えるときには、土壌だけでなく岩石の性質も考慮しないといけません。それぞれの場所で岩石は異なります。いままでは岩石の性質を考慮して、土壌や地下水の性質を浄化・改善していくという考えはとられていませんが、すぐにできることではなくともこのような観点から長期的に土壌と地下水・河川水と付き合っていくということが必要でしょう。

　このほかに大陸地域では、酸性物質を中和する汚染物質が少ないこと、氷河性の窪地が多く湖沼も多いため、滞留時間が長いこと、酸性霧が多いことも酸性雨による被害を大きくしている原因と思われます。

放射性廃棄物などの地中・地層処分

　現在のエネルギー資源の中で最も大きい割合を占めているのは、石油・石炭・天然ガスなどの化石燃料エネルギーで、このつぎにくるのが原子力エネルギーです。しかし、エネルギー資源利用の割合は国によって異なります。フランス・スイスなどの石油・石炭資源の乏しい工業国では、原子力発電にかなり依存しています。現在の日本の電力の三十四パーセントは原子力発電によるもので、日本もかなり原子力エネルギーに依存しています。この原子力発電をするためにウラン鉱石を用います。地球上のウラン資源量は比較的多く、ウランの耐用年数（注2）は、四十四年と見積もられています。石油・石炭・天然ガスは、資源量の枯渇といった問題以外に化石燃料を燃やすと必

（注2）耐用年数とは、埋蔵量を一年間の生産量で割ったもので、資源が枯渇するまでの時間を知る目安となります。

ず大量の二酸化炭素が発生し、温暖化という地球環境問題の中で最も厄介な問題を引き起こします。本章の「二酸化炭素の処分方法」でも述べましたが、自然の作用を利用するなど大気の二酸化炭素を除去するための研究は進められていますが、まだまだ解決にはほど遠いのです。そこで、二酸化炭素の発生量そのものを減らそうという国際的取り組みがいま始められ、原子力・太陽エネルギーなど、化石燃料の代替エネルギーが注目されています。原子力は核の危険性など大きな問題があり、この利用についてはさまざまな意見があります。しかし、現実をみてみますと、例えば、わが国では、その消費量は増えてきています。原子力発電をすれば必ず放射性廃棄物がでてきます。この廃棄物は放射能をもっており、危険な物質です。この放射性廃棄物は原子力発電所だけでなく、医療機関・工場・研究機関などさまざまな場所からも出ています。しかし、放射能レベルの高い廃棄物を最も多量に出しているところは、原子力発電所と使用済み核燃料の再処理工場です。わが国だけではなく世界全体でみても、これらの核燃料廃棄物の量は毎年増えているのです（図12）。

この放射性廃棄物にはさまざまなものがあり、処理と処分の上から分類が必要で、放射能レベルと発生源をもとに、高レベル・中レベル・低レベル放射性廃棄物と特異な性質をもつＴＲＵ廃棄物に分類されています。

ここで、高レベル放射性廃棄物は、使用済み核燃料の再処理における廃棄される使用済み核燃料、また、これらと同等の強い放射能を有する放射性廃棄物です。中レベル放射性廃棄物は、放射能が高レベル放射性廃棄物より低く、通常の取り扱いにおける接触・輸送時などに放射線防護を必要とする放射性廃棄物です。低レベル放射性廃棄物は含んでいる放射性核種が少なく、通常の取り扱いにおける接触・輸送時などにおいて、特に放射線防護を必要としない放射性廃棄物をいいます。高レベル放射性廃棄物は特に放射能が高く、放射能レベルが低くなるのに長い時間がかかるため、これの処理・処分は大きな問題です。

TRU廃棄物は、原子番号が92（ウラン）以上の元素の放射性核種（超ウラン核種）を一定量以上含む放射性廃棄物です。

現在までにすでに大量の放射性廃棄物がたまって保管されています。しかし、これらは危険なので、処理・処分をしなければいけないものです。この放射性廃棄物の処理・処分については、さまざまな方法があります。まず処理ですが、再処理・群分離という方法がありますが、すべてを再処理したり、消滅させることはできません。どうしても処分する必要がでてきます。この処分の方法については放射性レベルが高いとたいへんに危険であるので、人間や生物から隔離するのが最もよいと考えられています。人間の近くに保管し、管理することも考えられますが、その場合は、地震などの自然災害や人為的事故が起こり、放射能が漏れ出る危険性があります。

隔離方法として、宇宙処分・氷床処分・海底処分・地層処分の四つの方法が考えられてきました。宇宙処分は、宇宙へもちだすとき、ロケット爆発事故の危険性があり、まず考えられません。

氷床処分は、現在地球の温暖化の影響で世界中の氷河面積が急激に減少しており、処分した廃棄物体が氷の上にでてきてしまうかもしれません。氷床があるのはグリーンランドや南極です。グリーンランドはデンマークに属しているので、一国ですべての国の廃棄物を処分することはできません。南極は特定の国に属してはいませんが、ここに処分することの国際的合意を得ることはできません。

海上投棄は放射性物質が海水により希釈されますが、この希釈効果はあまり期待できず、また、現在では、この海上投棄は国際条約により禁止されています。海底下の堆積物中に処分することは考えられますが、海底下の深いところへの処分は技術的に難しく、どうしても浅いところへの処分となります。この場合は、海底下から海水へ放射性物質が移動し、海洋生物が汚染される可能性があります。また、多くは公海であり、処分することが難しいのです。

そこで、現在、最も考えられているのが、陸の下の地層処分です。地表近くの土壌や浅い地層中に処分すれば、時間が経つと地表に放射性物質がでてくる可能性があります。そこで、現在ではある程度深い地下に処分する計画です。安全性だけを考えたら、なるべく深いところに処分すればよいのですが、これはたいへん難しいことなのです。それは、深いところを掘る技術がない、コストが非常にかかる、深いところの地質環境の知見が少ない、という理由からです。そこで、現在は数一〇〇メートルから一キロメートルくらいの地下深くに処分する計画です（図20）。しかし、この

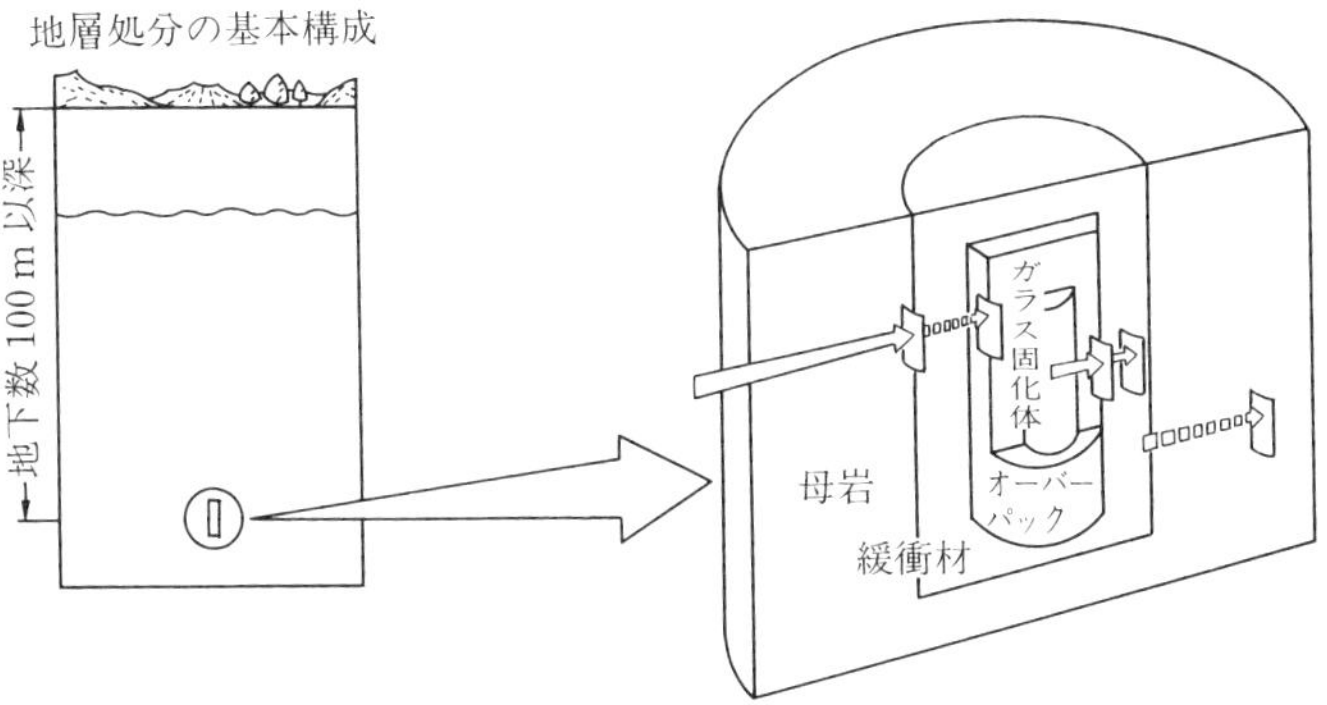

ガラス固化体を地下に隔離して直接人間に影響を及ぼさないようにする

（a）安定な地層

ガラス固化体中の放射性核種が地下水を介して人間に影響を及ぼさないようにさまざまなバリアをつくる

（b）多重バリアシステム

図20　高レベル放射性廃棄物の地層処分と人工バリア（山川稔：動力炉・核燃料開発事業団における地層処分研究，In：放射性廃棄物と地球科学，341-382，東京大学出版会（1995）より）

ような深いところに処分したとしても、そこから放射性物質が地下水などによって移動し、長い時間かかって地表まででてくる可能性を否定することはできません。しかし、放射性物質の場合は、ほかの化学物質と異なり、時間とともに放射能レベルが下がります。例えば、図21に示しますように、高レベル放射性廃棄物の放射能レベルは時間とともに下がり、一万年後には、自然に存在するウラン鉱石のレベルと同程度になります。放射能レベルが下がり、自然のバックグラウンドと同じ

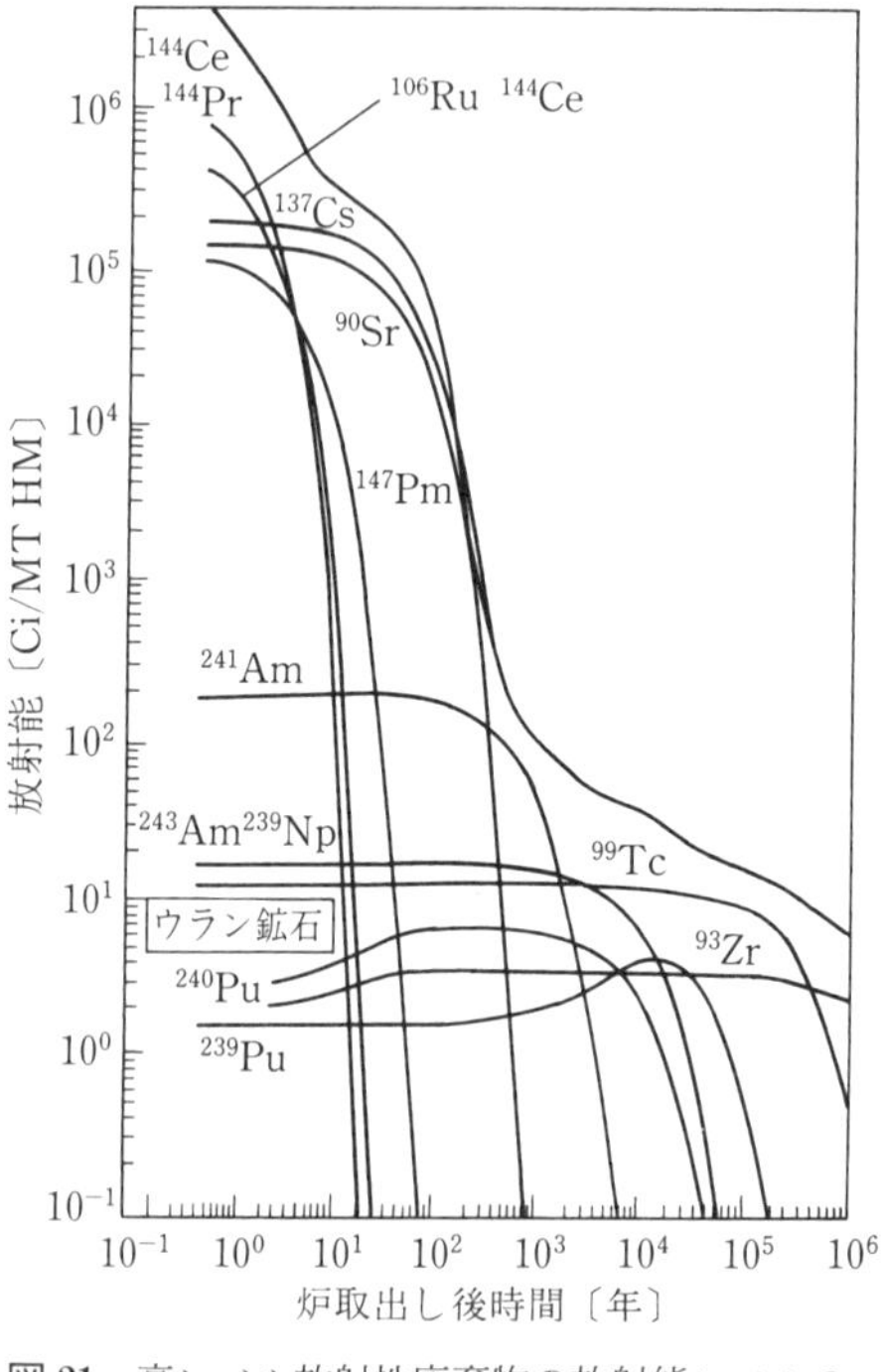

図21 高レベル放射性廃棄物の放射能レベルの時間的変化（山川稔：動力炉，核燃料開発事業団における地層処分研究，In：放射性廃棄物と地球科学，341-382，東京大学出版会（1995）より

か、またはそれ以下のものが地表にでてきたとしても、多くの場合問題にはなりません。このような条件をつくるために、さまざまな工夫をするのですが（図20）、それは、(1) 放射性廃棄物をガラスの中に封じ込める（ガラス固化体といいます）、(2) そのガラスをさらに金属・粘土などで覆い、漏れないようにする、(3) この廃棄物体を地下深くに処分する、(4) 廃棄物体から放射性廃棄物が漏れ出にくいところ（例えば、地下水の流れのない、流速の小さい環境）に処分する、(5) 漏れ出たとしても放射能物質が地質環境により吸着・除去されやすいところを選ぶ、(6) 地震や火山などが起こらないところを選ぶ、が考えられます。

(3)〜(6)は自然条件の問題です。この(3)〜(6)について前もって調査し、処分地を決める必要があります。それでは、(3)〜(6)の条件を調べるにはどうしたらよいでしょうか。これには、(1) ナチュラルアナログ研究とシミュレーション研究という二つの方法があります。以下では、これらについての説明をします。

ナチュラルアナログ研究というのは、天然の廃棄物類似体（ナチュラルアナログ）を使った廃棄物の地球環境での動きを知るための研究です。毒性の強い物質（放射性廃棄物など）については、これを地中に埋めて長期間にわたったふるまいを知る実験をすることができません。もしもこのようなことをして、廃棄物が人間や生物に影響を与えたらたいへんなことになってしまいます。したがって、廃棄物に非常に類似した天然物体を用いて、そのふるまいを調べ、廃棄物体のふるまいを類推するのです。

　このナチュラルアナログ研究の例として、ウラン鉱床の研究をあげることができます。ウラン鉱床は過去に地球内部や海の底にたまってできたものです。鉱床のできた古い時代から現在に至るまで、ウラン鉱床は地下水と反応してきました（図22）。この地下水によってウラン鉱石が溶かされ、

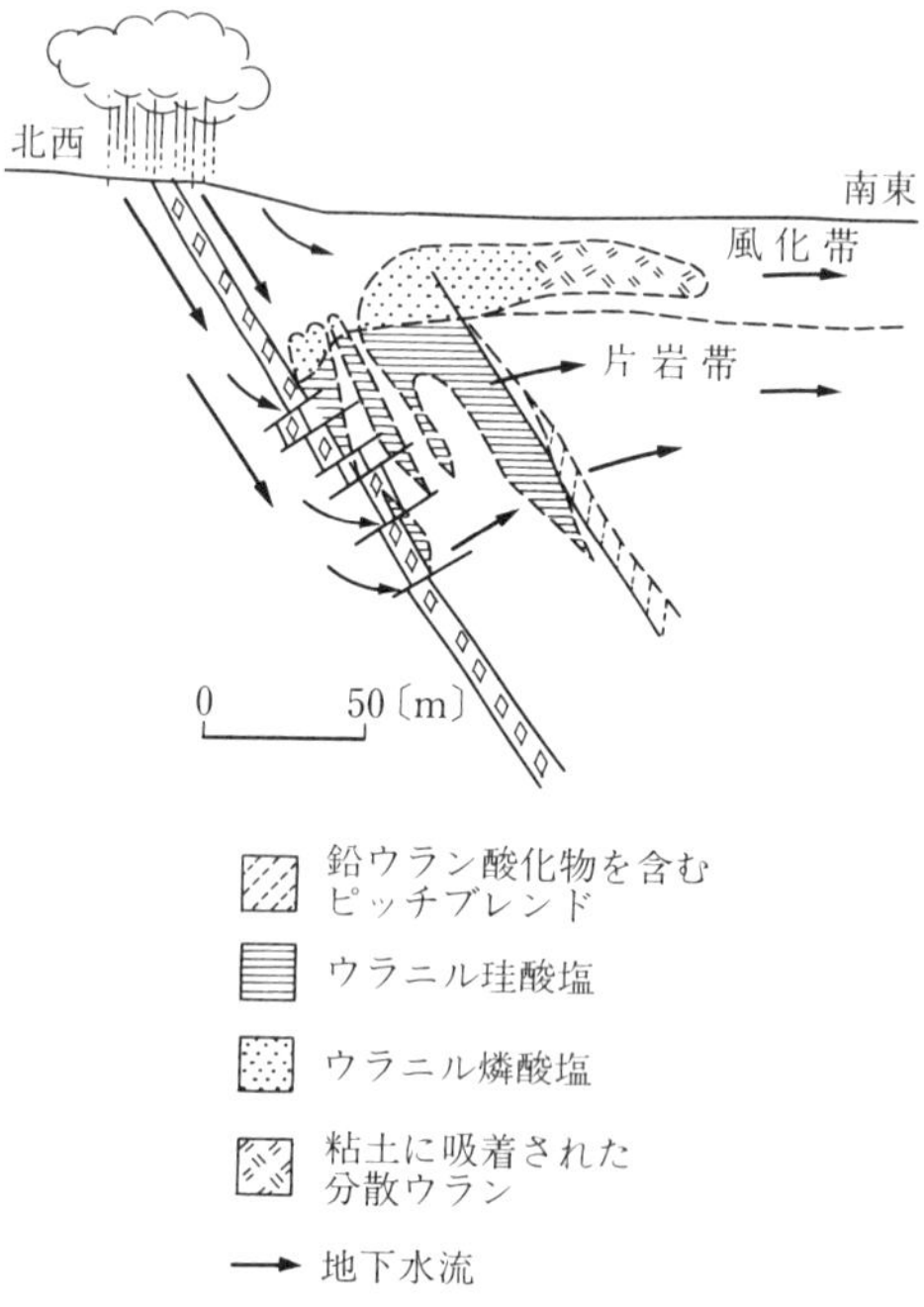

図22　ウラン鉱床と地下水の反応

まわりの地層へ運ばれていったはずです。ウラン鉱床のできた時代がわかり，まわりの地層中のウランの濃度の分布がわかると，どのくらいの時間を経て，ウランなどの元素がどのくらいの距離を運ばれたのかを知ることができます。この移動距離が非常に短ければ，放射性廃棄物を地下に埋めた場合も放射性廃棄物が地下水によってどのくらいの時間でどのくらいの距離を運ばれるのかを推定することができます。

アフリカのガボンという国にオクロというウラン鉱床があります。この鉱床は，約二〇億年前という非常に古い時代に，地表近くでウランが堆積し，濃集してできました。このオクロ鉱床は天然原子炉としてたいへん有名です。この鉱床は，できてからウラン－235を燃料にした核分裂連鎖反応が起こったことがわかっています。この鉱床の周辺の岩石中の核分裂，すなわち，ここでは連鎖反応でできた核分裂生成物（アクチニド・鉛・ビスマス）やさまざまな元素のふるまいが調べられています。その結果，ウランを初め多くの元素が二〇億年という長い年月が経っているのにもかかわらず，ウラン鉱床からほとんど移動していないということもわかりました。

わが国にも規模は非常に小さいのですが，ウラン鉱床があります。規模が小さいために，現在では鉱床からウランを採掘していません。鉱床にはいろいろな種類がありますが，比較的大きいものは堆積性の鉱床です。例えば，鳥取県人形峠のウラン鉱床や岐阜県の東濃鉱床は，比較的規模の大きいものです。これらの鉱床はいまから二千万～数百万年前に堆積してできたものです。これらの鉱床は現在でも残っているのですから、鉱床ができてから現在に至るまでウランがあまり移動しなかったといえます。これらの鉱床は、有機物の多い堆積岩中にあります。この有機物が多いところを流れる地下水中には溶存酸素のない還元的な条件が保たれます。ウランを初め多くの放射性元素は還元環境では水に溶けにくいので、このような還元的な地質環境に処分するとよいといえるのです。しかし、このことはあくまでも定性的な話です。問題になるのは、どのくらいの時間でどのくらいの距離をどのくらいの量のウランや放射性核種が運ばれたのかを求めることです。しかし、地質環境は場所ごとに異なり、放射性核種のふるまいは複雑ですので、さまざまな場所での研究が必要です。

ウラン鉱床の研究で問題となるのは、ウラン鉱床ができてから現在まで非常に長い時間（数一〇〇〇万年～二〇億年）が経っているということです。ウラン鉱床のナチュラルアナログ研究では、このように長い時間についての大雑把な予測はできるのですが、一、〇〇〇年～十万年といった短い時間の予測をすることができません。これについては、例えば、銅鐸などの考古学的試料を用いて行います。このくらいの期間地中に埋まっていた試料の腐食を調べ、これをもとに、ガラス固化体を覆う金属の腐食を予測します。しかし、このくらいの期間の放射性核種のふるまいの予測をすることは難しい、という問題があります。今後は、さまざまな廃棄物類似体（ナチュラルアナログ）のさまざまな期間の研究が必要でしょう。

以上のナチュラルアナログ研究は、定性的予測には有効ですが、定量的に求めることは難しいといえます。これについては、地下での地下水などによる物質移動に関する計算をすることで求めていきます。

計算をする際にまず問題となるのは、廃棄物体からでてくる放射性核種の地下水中の〝濃度〟です。この濃度は、放射性核種化合物の溶解度と関係しています。しかし、厳密にいうと溶解度ではなく溶解速度が問題になります。いま、ある化合物を純粋な水が入っているビーカー中に入れた場合を考えます。この化合物は水に溶けていき、しだいに水中の濃度が大きくなり、飽和濃度に近づきます。この飽和濃度を溶解度と考えてよいので、溶解度は最大濃度といえます。地下水中の濃度は、一般的にこの最大濃度よりも低いものでしょう。しかし、これが成り立たない場合もあります。準安定相や非晶質相が溶けるときの濃度は、安定相の溶解度よりも高くなります。ここでは、話が複雑になりますので、このような場合は考えないことにします。そこで、溶解度を考えれば、最も危険な場合を想定しているとしましょう。これを保守的扱いといいます。この議論は、科学的には正しいとはいえませんが、溶解速度のデータや準安定相の溶解度が得られていない現状では、致し方のない扱いともいえます。この溶解度は放射性物質だけでなく、ほかの物質でも、有害性物質であるのかを定める判断基準の一つになっています。

地下水中の放射性核種の濃度はもちろん、安全性を考える場合、第一義的に重要ですが、このほかにフラックスが重要です。これは、単位時間あたりの物質の移動量で、地下水中の濃度と地下水流量をかけ合わせたものです。すなわち、地下水中の濃度がいくら高くても地下水の流れる速度が非常に遅く、人間や生物の住んでいる地表にまで地下水が達する時間がものすごく長く（例えば、十万年以上）、その間に放射性物質が壊変していき、放射能が安全基準値以下になれば問題はありません。最も極端な場合として、地下水が処分場にこない環境を考えればよいと思います。例えば、降雨量の非常に少ない砂漠地域の地表近くの地下環境では、通常、地下水は流れていません。もちろん、砂漠地域でも地下の深いところでは地下水は流れています。また、砂漠でも水が湧き出ているオアシスもあります。しかし、このようなところ以外は処分場として適しているといえます。例えば、アメリカ合衆国ネバダ州のユッカマウンテン地域に放射性廃棄物の処分場をつくる計画があります。ここは、たいへん乾燥した地域で、地表近くの地層中では地下水はほとんど流れていません。それでは、このようなところに処分場をつくれば放射性廃棄物の処分問題はすべて解決するといえるのでしょうか。いまのところ、そうであるとはいえません。それは、この地域はかつて火山活動が盛んであったからです。昔から地震も起こってきました。また、いまから十万年くらい先まで地下水が流れないということを保障することはできません。気候変動が起こり、降水量が変化するかもしれないからです。しかし、火山噴火や地震が起こったとしても処分場から放射性物質が漏れ出なければ問題にはなりません。また、地下水が流れ、放射性物質を溶かし出したとしても短期間に遠くまで運ばれなければ問題にはなりません。そこで，これらの火山活動・地震活動・気候変動と地下水の流れ方との関連に関する研究が必要となってくるのです。これらについての研究は，現在盛んになされていますが，まだまだ十分であるとはいえません。

地下水中の濃度は，溶解度によって決められる場合もありますが，地下水の流速によってもかなり変わります。図23には地下水中の濃度と流量との関係を示しています。流量が小さい場合は，このように濃度が溶解度によって決められ一定の値となります。しかし，流量が大きくなりますと，溶解度に達する前に地下水が流れ去りますので，地下水中の濃度が低くなります。すなわち，図23に示されるように流量が大きくなると濃度が低くなるので，この図だけをみれば，流量の大きいほうが安全性が高いと思うかもしれませんが，濃度ではなく，単位時間にどれだけの量が運ばれるかが問題になる場合があります。すなわちフラックスが問題になります。このフラックスは濃度×流量です。このフラックスと流量の関係は図24で表されます。濃度が溶解度によって一定に抑えられている場合は，流量が大きくなるとフラックスが大きくなります。それ以上の流量では，流量が大きくなるとフラックスが小さくなります。フラックスが小さいほうが安全性は高くなるので，汚染対策として二つの条件，すなわち，流量の大きいところ（図24の①），または流量の小さいところ（②）に廃棄物を処分すればよいということになります。③は処分場としては最も不適切なところです。①は水による希釈効果で，これは自然の作用です。②は人工的に地下水が遮断されるか，地

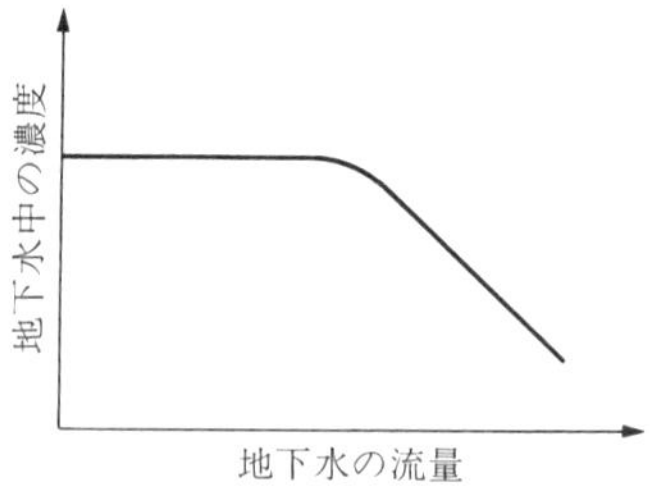

図 23　地下水の濃度と流量の関係

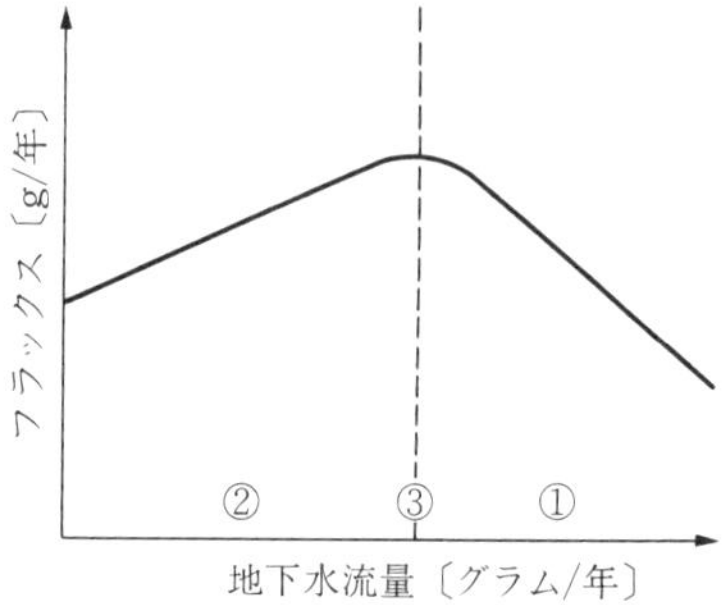

① 流量が大きくフラックスの小さい条件
② 流量が小さくフラックスの小さい条件
③ フラックスの大きい条件

図 24　地下水によるフラックスと流量の関係

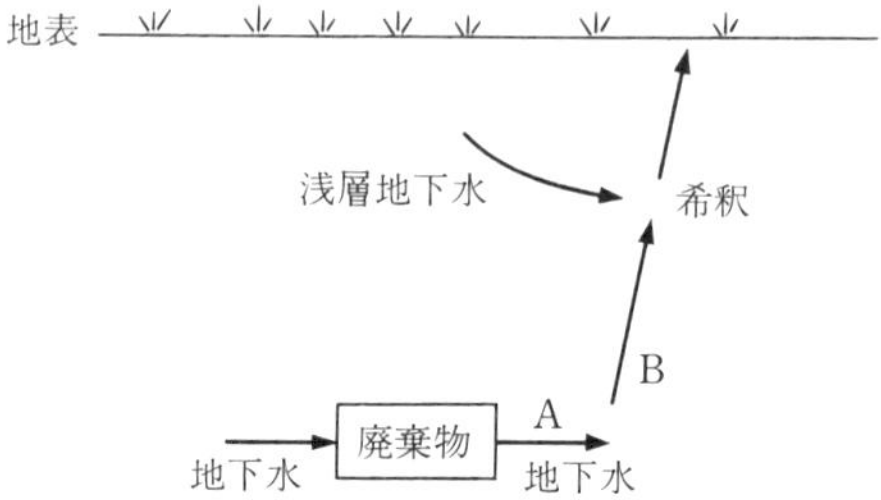

図 25　廃棄物体と反応する深層地下水の動き。地表近くで浅層地下水により希釈される。

下水の流量の非常に小さい場です。地下処分ではありませんが、海洋投棄という方法は①を利用する方法です。しかし、この場合は海洋中には生物が存在しており、生態系に多大な悪影響を与える可能性があるので、この方法は禁止されています。特に、閉鎖性海域のように、水があまり動かないところでは、海水中や海底の堆積物中に汚染物質が蓄積されやすいのです。

廃棄物体を溶かし出した地下水が移動すると、まわりの地下水によってこの地下水が希釈されます（図25）。この希釈が大きければ，地下水中の濃度は非常に低くなり毒性が弱まります。この希釈率や地下水の移動度は，場所によりかなり異なります。一般に地表近くの場合，地下水が多く流れ，地表から浸透してくる水により薄められますが，移動度が大きく，すぐ地表に達したり，また，人間が浅部の地下水を汲み上げることもありますので危険性は大きいものとなります。したがって，この希釈効果はあまり期待できません。しかし，深部の地下水は流速が小さく，移動度が小さいので，この点から考えると安全な水といえます。しかし，ほかの地下水が混入する割合は小さく，希釈率は小さいでしょう。

地下水の移動度や流速は，岩石の性質によりかなり異なるので，岩石の性質を知ることが重要です。割れ目や空隙の少ない岩石中は，地下水が流れにくいので，このような岩石のほうが処分地としては適しています。以上のような岩石の条件と地下水の流れを考慮し，処分に適した場所を選定する必要があります。岩質が同じ場合，人間圏・生物圏から遠く，隔絶されている深部のほうが，安全性の面だけからいえば，処分地として適しています。しかし，そんなに深いところを掘る技術はありません。また，あまりにも深いところであれば，膨大なコストがかかってしまいます。そこで，技術・コスト面も考えて処分地を決めないといけないのです。しかし，安全性が最も優先されることはいうまでもありません。

放射性廃棄物処分では，自分の国で出したものは自分の国で処分することが原則です。それぞれの国をつくる地質条件は異なりますので、国によっては処分場として適した岩石がなかなかみつからないことがあります。ドイツでは岩塩中に処分することを考えています。この岩塩はおもに塩化ナトリウム・塩化カリウムよりできています。これらはよく知られているように、水にたいへん溶けやすいものです。この岩塩は、数億年〜数千万年前に海水が蒸発してできたものですが、これが地下で現在まで溶けずに残っているということは、過去においてこの岩塩のところに大量の地下水が流れてこなかったということを意味しています。したがって、この岩塩層は処分地として適した岩石といえます。アメリカ合衆国の処分候補地であるネバダ州のユッカマウンテンの岩石は凝灰岩です。この凝灰岩は、放射性核種の吸着能力が大きいという利点があります。しかし、それよりもこの地域が乾燥地域で地下水がほとんど流れないという点が最もよい点です。ベルギーには、水を通しにくい岩石である粘土層が発達しています。このほかに、カナダ・スウェーデン・日本などは、このような適した岩石は少ないのですが、処分場の母岩としては花崗岩や堆積岩が考えられています。岩石は一般に堆積岩と結晶質岩（花崗岩・火山岩・変成岩など）に分けられます。堆積岩は、鉱物粒子・岩石粒子からなりますが、粒子が小さく堅いものですと水は通りにくくなります。堆積岩の一種である泥岩はこのような岩石です。結晶質岩は堅いのですが、割れ目ができやすく、この部分では水が通りやすくなります。これらの岩石に関しての調査研究は不十分ですが、今後、地下実験施設を使った研究がされる計画がありますので、これらの岩石の適性が明らかになっていくでしょう。

図24で述べた①の希釈効果があまり期待できないとしたら、②の場所を選ぶ必要があります。②というのは、廃棄物から汚染物質が漏れ出すけれど、地下水中の濃度が溶解度により決められ、最も低い濃度で、かつ地下水流量がたいへんに小さい場所です。物質によっては、このような条件で安全性が保障されるものもあります。しかし、一般的に有害有機化合物の場合、溶解度は安全基準濃度を大幅に超えています。したがって、このような場合は廃棄物体（処分場）からの排出濃度をできる限り抑える必要があります。その場合は、(1) 物理的に遮断し、地下水と長時間接しないようにする、(2) 排出する水を処理し、汚染物質の分解・除去をする、という方法があります。

放射性物質といった毒性の強い物質は、図24の①の方法がまずとられます。しかし、これですべてが解決するとはいえないので、②の方法（希釈効果）も考慮する必要があります。この②の方法については、地層処分ではいままであまり考えられてこなかったので、検討する必要がでてくると思います。

例えば、まず廃棄物をガラスとともに固化します。このガラス固化体のまわりを金属・粘土といった腐食しにくく水の入りにくい物質で覆います。さらにこれを地下水の流速の小さい地下深部に処分します。②は普通の生活廃棄物や産業廃棄物処分でとられている方法です。

地表の廃棄物処分場へは雨が降り、これが処分場内部へ浸透していき、汚染物質を溶かしだしてまわりへと漏れでていきます。この水を処理してきれいな水として外へだすのです。しかし、この場合も汚染物質すべてを除去することはできないので、汚染基準値以下の濃度の水がでていくことになります。場合によっては、すべての水を処理することができなくて、濃度の高い水が漏れ出ることもあるかもしれません。人間や生物から廃棄物を完全に遮断することはたいへんに難しいことです。なるべく遮断することは重要ですが、それと同時に②での処理をしていく必要があり、さらに自然での浄化も利用するほうがよいと思います。

遮断の方法として、人工的にバリアをつくる方法はしなければいけませんが、なるべく人間圏・生物圏から離れたところに処分することが効果的です。すなわち、いままで述べてきた地中・地層処分がいまのところ最も安全だと考えられます。ドイツでは、放射性廃棄物以外にヒ素などの有害物質をガラス中に固化して地下の岩塩を掘った後の坑内に処分する方法がとられています。しかしながら、多くの廃棄物に対しては、いまのところ地中・地層処分という方法はとられていません。それは、技術的な問題もあるのですが、コスト面が最も大きな問題となっているからです。放射性廃棄物の場合は、毒性がきわめて強く量的に少ないという理由によって深部の地下に処分する方法が最もよいと考えられています。しかし、ほかの産業廃棄物や生活廃棄物の量は膨大で、これだけのものを深部の地下に埋めることはコスト面を考えると非常に難しいと思われます。しかし、日本の国土は狭く、廃棄物処分場の確保はきわめて困難な状況になっています。この場合の最も大きな問題は、大部分の廃棄物が廃棄予定地地域の住民によってだされたものではないということです。都市からは大量の廃棄物がだされますが、都市部では廃棄物処分地を確保することができず、都市部から大量にでてくる廃棄物を遠隔地の処分場に棄てているのです。このような廃棄物に対して、処分場の地域住民には本来責任はありません。都市部ででた廃棄物は、都市部で処分することを考えないといけないのです。そこで、現在焼却処理能力の拡大・省エネルギー化・リサイクル化・埋立処分場の建設などさまざまな努力がなされていますが、もしも都市部以外のところへの廃棄物のもちだしを禁止したら、将来的には処分場を確保することができなくなることは明らかです。地表の処分地は限られています。そこで、一つの案として、地下への処分を考えたらどうでしょうか。このことは、いまだ考えられていませんが、可能性の一つとして調査を進めるとよいと思います。現在では、日本列島の地下には数多くの空洞（鉱山跡など）があり、多くは放置されたままです。そこを整備し、処分地にすることも可能です。実際に鉱山の坑道に廃棄物が処分されているところもあります。さらに、新たに処分場を地下に建設することもできます。技術的には問題はないと思いますが、コストがかかりますので、廃棄物をだす場合、有料にしなければいけなくなるでしょう。しかし、自分たちが廃棄物をだし、これが自分たちの安全性を脅かしているのですから、このような事態もある程度仕方のないことだと思われます。

しかし、深部の地下に処分場をつくるにしても実行は慎重にするべきです。さまざまな観点から調査し、安全性を確かめてから実行するべきでしょう。まず、地下実験施設をつくり、地下水によるさまざまな物質の動きを調べる必要があるでしょう。わが国では、残念ながらこのような研究はほとんどなされていませんが、先進諸国（アメリカ合衆国・カナダ・スウェーデン・スイス・ドイツ・ベルギー・フランス・イギリスなど）の地下実験施設では、地下水中での放射性物質の動きについてさまざまな研究を行っています。

ところで、図24は、現在という時間断面での地下水の流量とフラックスの関係をみたものです。しかし、この関係がこの先ずっと同じかどうかはわかりません。将来の変化を予測するには、図24に時間軸を入れ、フラックスと流量の軌跡を知る必要があります。この場所で現在から何年後までを予測する必要があるのかが問題となります。一年後・十年後といった短い期間の将来予測なのか、千年後から十万年後といった長い期間の将来予測なのかが問題となります。放射性廃棄物の場合であれば、地下深部に埋めれば、一年〜百年後に地表まで汚染された地下水がでてくることはありません。しかし、一万年後・十万年後といった長い間では、地下水は移動し、地表まで達するかもしれません。ほかの産業廃棄物・生活廃棄物はいまのところ地下深部には埋めていませんので、一年後・十年後といった先が問題となるでしょう。一万年・十万年も経てば、気候変動が起こり、降水量・蒸発量・涵養量が現在とは大きく異なり、地下水の流量が変化してしまうかもしれません。地震や火山活動が起これば地下水の流れも変わるでしょう。したがって、これらのことを考慮し、フラックス―流量の軌跡がどうなるのかを予測しないといけないのです。

ところで、これまでは、ある物質の溶解度や溶解速度だけを考えた場合です。しかし、廃棄物から移動した汚染物質は、地下水の流れや溶解だけで決められてはいません。このほかに地下水が岩石中を流れれば、岩石の表面に物質が吸着したり、沈殿したり、また、それらが後で溶けだすことも考えられます。現在では、これらのさまざまなプロセスを考慮したシミュレーションを行うことが可能になってきました。これらのプロセスの中で特に重要なのは、ある物質の存在状態の変化です。この存在状態によって、ある物質の毒性はまったく異なってきます。放射性物質は壊変し存在状態を変えていきますが、それぞれで放射能が減少していきます。これらの存在状態は、そのおかれた環境に応じて変化します。特にpHと酸化―還元電位が重要です。これらの状態は、同じ場所でも時間によって変化します。例えば、一般的に、地表近くでは酸素を含む大気が入ってきますので酸化的です。しかし、地下深くでは酸素を消費するさまざまな化学反応が起こり、還元的になります。このような条件では、例えば、重金属元素は硫化物をつくり動きにくくなります。しかし、酸化的環境では硫酸塩や水酸化物となり、比較的動きやすくなります。このような環境の変化を人工的に起こし、そのときの物質の移動について調べることはとても難しいので、天然事象を使って調べることが最もよい方法といえるでしょう。

ウラン鉱床は、できたときは還元的環境です。その後、堆積物がたまり、地下深いところにある間は還元的環境が長期間保たれます。しかし、地表から浸食が進み、ウラン鉱床が地表近くにくると酸化的環境になります。すなわち、酸素を含む地下水によってウラン鉱床に濃縮した元素が溶かされます。これらを含んだ地下水は移動しますが、この中に含まれた元素はまわりに散らばり、岩石により沈殿・吸着します。

以上述べましたように、存在状態の変化が起こったとしたら、その物質の移動のされ方は変化します。すなわち、フラックスが変化するのです。このフラックスというのは、場所によっても変わるのです。

汚染物質の移動について考える場合、特に岩石の単位面積や単位体積あたりのフラックスを考える必要があります。いままで考えてきたのは、その地域全体のフラックスでした。その地域全体でのフラックスが大きいからといって、その地域の単位面積・単位体積あたりのフラックスが小さい場合は、問題とはならないこともありえます。そこで、ここでは単位面積・単位体積あたりのフラックスを〝汚染度フラックス〟と名付けましょう。そこで、濃度・フラックスについて知ることは重要ですが、汚染度フラックスを知ることがもっと重要になってくるのです。この汚染度フラックスは場所によりかなり変化します。図25に示すように、地下に断層があり、これに沿って汚染された地下水が集中的に流れる場合を考えます。断層が地表に現れたところの汚染度フラックスは大きく、その他のところは小さくなると思われます。この断層の近くに住む人間や生物は影響を受けますが、ほかのところではあまり受けません。すなわち、汚染度フラックスは場所により大きく異なり不均一となります。地下深くから汚染された地下水が地表に向かって流れる場合は、汚染されていない地下水が断層に集まってきますので、汚染された地下水は希釈されます。

いままでは濃度やフラックスで考えてきましたが、放射性廃棄物の場合は、これらよりも放射線量が問題となります。これをどのように求めるのかが問題となります。放射性核種にもさまざまなものがあり、それぞれで放射線量が異なり、それらは時間とともに変化し、その変化の仕方は放射性核種で異なります。したがって、それぞれの核種の濃度とフラックスを求め、個々の放射線量をだし、トータルの放射線量を求め、その時間的変化を求めないといけません。ここでは詳しいことは述べませんが、この計算結果はモデルにより大きく異なるので、さまざまなモデルをもとに求め、比較・検討し、モデルの妥当性の評価をしないといけません。

つぎに問題となるのは、生態・人間の放射線量を評価する際に、個々を対象とするのか、集団を考えるのか、これら対象生態がどのように摂取するのかという問題（決定集団のタイプ・規模・構成・居住地・汚染形態など）があります。人間の放射線量の場合は、井戸水から摂取するのか、河川水から摂取するのか、井戸水といっても廃棄物を溶かした水そのものなのか、希釈された水なのか、これらの水をどのくらい摂取するのかが問題です。

これまでは、濃度・フラックス・汚染度フラックス・放射線量についてみてきました。これらの推定をさまざまな方法をもとにして行うことができます。推定するだけでなく、これらの推定値の評価をしないといけません。そのためには、まず安全基準値との比較をすることが重要です。このほかに自然界のバックグラウンド値や自然界におけるフラックスとの比較も欠かせません。いままで、この比較についてはあまりなされていませんでしたが、最近、この種の研究が行われましたので（Miller ほか、一九九六）、以下ではこれについて簡単な紹介をしたいと思います。

スウェーデンの南東のバルト海沿岸にエスポ島という小さな島があります。ここにはハードロック（硬岩）研究所という地下実験施設があり、ここからは地下水や岩石の分析値が多くだされています。そこで地下水の分析値と地下水流動の速度をかけて、地下水によるフラックスを求めることができます。地表では氷河による浸食が起こり岩石が移動しています。この移動速度と岩石の分析値をかければ氷河によるフラックスを求めることができます。地表の岩石は大気と水により風化作用を受けています。この風化作用には化学的なものと機械的なものがあり、スウェーデン全土における平均的風化速度が求まっています。この〝ナチュラルフラックス〟と地下処分場からのフラックスの比較をするために処分場施設の規模と同じ体積をもつ岩石を考え、これからのさまざまな元素のフラックスを求め、これとナチュラルフラックスを比較します（図26）。ここでは、放射性廃棄物を考えていますので、天然に存在する長寿命のアルファ放射体（ウラン・トリウム・ラドン）を中心に考えています。その結果

(1)　ナチュラルフラックスの大きさは、すべての元素について、氷河による侵食＞氷河以外の侵食＞化学的風化＞地下水である。

(2)　最も大きいフラックスである氷河侵食は、生物・人間による摂取としては重要である。これは、生物はおもに水・植物摂取を通してとりいれるためである。一方、地下水からの摂取は重要である。

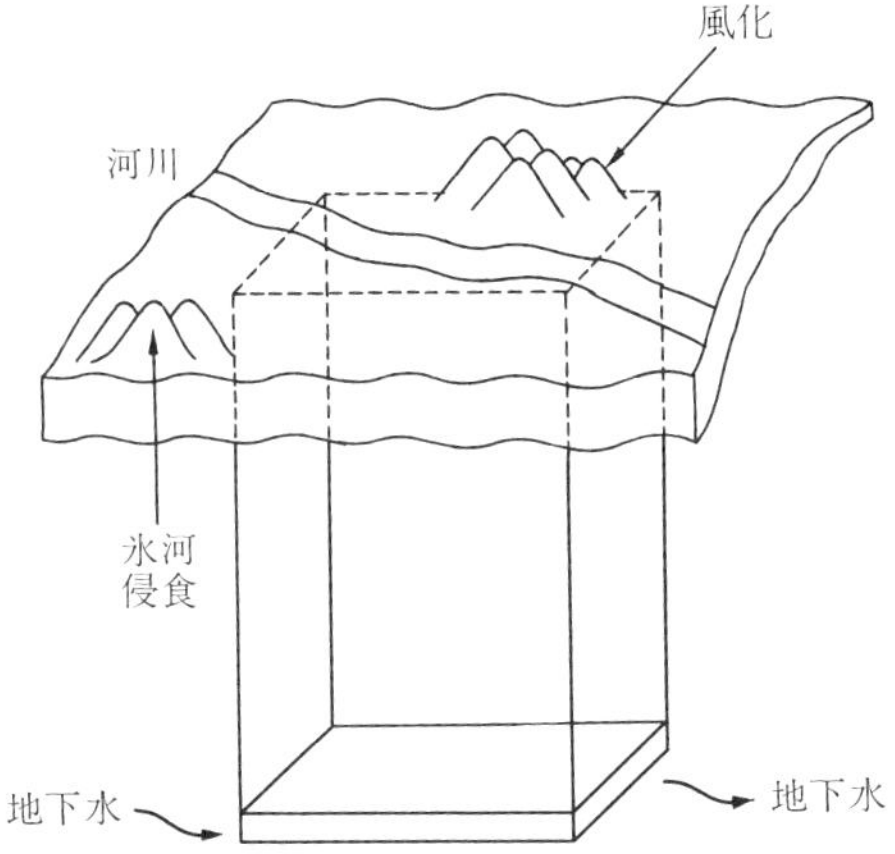

地下処分場と等価な岩石の体積を考える．この岩石とその直上の地表面からのナチュラルフラックスを計算し，処分場から生物圏への放射性核種のフラックスを計算する。

図 26　処分場と同じ大きさの岩石からのナチュラルフラックス

(3)　ナチュラルフラックスと使用済み燃料処分施設に対するスウェーデンの放射能の流入制限と比較した結果、ナチュラルフラックスはこの制限値とほぼ匹敵しているといえる。

以上より、ナチュラルフラックスを求めることが処分場の安全性を考える際に重要であるといえます。

このナチュラルフラックスは、地質環境によって大きく異なると思われます。日本列島の場合は、この例とは異なり、氷河による侵食フラックスは考えられません。これ以外のフラックスが重要でしょう。しかし残念ながら、日本列島におけるさまざまな元素のナチュラルフラックスの研究はまだなされていません。

以上、おもに放射性廃棄物の地下処分を例にとって、処分場から放射性核種が地下水によって移動し、生物圏にまで到達し、生物が影響を受けるまでのプロセスについて考えました。そして、安全性の問題を考える際に、どのようなことを考えないといけないのかについて述べました。このような際に、さまざまなプロセスが起こります。例えば、火山噴火・地震・侵食作用が起こり、地下水の流れ方が変化し、放射性核種の移動の仕方が変わります。この変化の仕方は、場所や考える時間スケールで異なります。それぞれに応じて、濃度・フラックス・汚染度フラックス・放射線量・ナチュラルフラックスは変わってきます。将来起こるであろうありとあらゆるケースを考え、その不確実性も考慮しつつ検討します。

これまで述べてきた考えは、一点汚染ソース（厳密にいえば、一点ではありませんが）による汚染で、それほど広域的な問題ではありません。しかし、廃棄物処分場からの汚染でないもの、例えば、肥料などは土壌の多くが汚染されるという問題となります。ここで述べてきたのは、点、または点と点を結ぶ問題であり、けっして地球全体が汚染されるという問題ではありません。有害廃棄物の遠距離移動（越境移動）が生じ、廃棄物問題もグローバルな問題となってきたということがよくいわれます。グローバルな越境問題を地球環境問題と定義するならば、この廃棄物問題も地球環境問題といえます。しかしながら、この中味は温暖化問題や酸性雨問題のようなグローバルな地球環境問題とはまったく異なります。これらの廃棄物の問題は、ソースが数限りなくあり、環境全体が短期間で汚染されてしまう問題です。この場合、工場などからでるガス濃度を規制するよりも排出総量を規制することが重要となります。この排出総量とは、例えば、一年間のある国からだされる総量ですから、いままで考えてきたフラックスに相当します。また、大気中の二酸化炭素濃度を規制することもできません。地球大気全体の排出総量規制が重要になってくるのです。このような総量規制となると、各国間・南北間・発展途上国–先進国間の政治的取引も重要となってきます。

この種の廃棄物の場合、人間社会から大気へでていくときのフラックスが問題となり、人間社会へ自然システムから入ってくるフラックスはそれほど問題とはなりません。しかし、例えば、大気中の二酸化炭素が増え、温暖化が進み、そのことで熱射病が増え、死亡率が増えるといったリスクは問題となります。これまで述べてきた廃棄物、例えば、放射線廃棄物では自然システムから人間圏、生物圏へ入るときのフラックス・放射線量が問題になります。人間社会から自然システムへでていくフラックスも、もちろん問題となります。

汚染された水・土壌・生物があり、これがまず、どのくらい存在しているのか、このフラックス・汚染度フラックスがどのくらいなのかが重要な問題であることを述べました。しかし、(1)どのくらい濃縮するのか、(2)どのくらいの割合でとりいれるのか、という問題があります。さらに生態系であるならば、食物連鎖の過程におけるこれらの二つの問題があります。

まず、(1)の問題ですが、この問題は非常に複雑で私の専門ではありませんので簡単に述べさせていただきます。生態系の食物連鎖について、汚染物質の濃縮・蓄積が起こった場合が最も問題になります。例えば、有害有機物質や重金属の場合、自然環境に比して生物体中に濃縮していきます。汚染度フラックスの絶対数値がごく小さくても、生物への濃縮度が大きければ悪影響を与え、大きな問題となります。有害有機物質の場合は、人工的につくられるもので、一般に自然界には存在していません。したがって、これを廃棄しても量そのものは自然界のほかの物質の量に比べれば少ないものです。

また、これらの溶解度は大きく、一般的には溶解度以下の濃度であり、溶解度によって濃度は決められません。自然界での濃度は低いのですが、その毒性が強く、濃縮度が大きいことが問題となります。生物体にどのように濃縮されていくのかが問題ですが、濃縮したとしても健康に被害を与えなければ（その代だけでなく、子孫に対しても）問題にはなりません。どの程度健康に被害を与えるのか、致死量・病気の発生率・死亡率がどのくらいなのかが問題です。

つぎに問題となるのは、(2)の問題です。これは摂取量の問題です。これは、例えば一回あたりの摂取量や放射線であるなら被ばく量です。これについては人体実験ができない場合は、動物実験をもとにします。動物実験でも高濃度、長期間の実験はなかなかできませんので、高濃度、短期間の実験をもとにそれを外挿しますが、その際にモデル式を使いますので、不確定さが伴われます。重要なことは、リスクといってもリスクをゼロにすることができず、どこをもってリスクの基準値とするのかです。また、健康や発がん率以外に現実問題としてコストを初めさまざまなベネフィットをとりいれなければなりません。

地下空間を利用する

深地下空間は、これまで述べてきた廃棄物処分場だけでなく、さまざまな利用法があります。バブル期には地価が高騰したため、新しい商機が地下に求められ、「ジオフロント」ということがいわれました。現在、このような意味での「ジオフロント」構想はなくなりましたが、いま、新しい形での大深度地下利用計画が政府レベルでだされています。

現在、深地下は単に土地としての価値ではなく、鉄道・道路・ガス・電気・水道・廃棄物処分場といったさまざまな公益性の強い利用法が期待されています。

わが国には、前にも述べましたように、かつて採掘された鉱山の坑道があり、この地下空間の利用もなされています。例えば、岐阜県神岡鉱山の地下一、〇〇〇メートルの坑内にはスーパーカミオカンデといわれる宇宙素粒子観測所があります。ここでは、太陽から出されるニュートリノと超新星爆発のときにでてくるニュートリノを観測しています。また、陽子が自然に崩壊すると予言する大統一理論の検証を目的に観測しています。

熱水からできた熱水性鉱床の鉱山の坑内からはいまでも温泉水がでて、これを汲み上げて温泉として利用しているところがあります。伊豆半島の土肥温泉、河津温泉、鹿児島県の菱刈金山付近の湯之尾温泉はこのような例です。

岩手県の鉄山として名高かった釜石鉱山の坑内では、地震の測定もしています。この地震計の記録では、地下の地震強度は地表に比べて著しく小さいことが明らかにされています。したがって、地下空間を大地震の避難場所として利用することも可能でしょう。また、避難場所ではなく、通常の地下都市をつくり、そこに住んでいれば地震の被害を避けることができます。

このほかに、貯蔵・地下水浄化・下水処理・ごみ処理・石油備蓄・廃棄物処分場・多目的都市などを備えた二十一世紀の環境優先型都市を建設することもけっして夢ではないはずです。特にわが国は都市空間が少なく、廃棄物処理場・処分場の場を確保できない、交通が煩雑である、エネルギー・鉱物資源が少ないなどの理由から大都市地下を上で述べた公益性の高いものとしての利用を世界に先駆けて進めていったらいいのではないかと考えます。

新たに地下を掘り、地下空間をつくり、地下都市としてさまざまな形で利用していくことも必要でしょうが、その他に既存の地下空間を利用する必要もあります。現在でも宇宙線素粒子・地震・地下水の研究などがなされていますが、廃棄物処理・処分・水力発電・備蓄場としての利用も可能です。これらを組み合わせた複合型施設をつくると効率的と思われます（例えば、下水処理・ごみ処理・発電場・地域冷暖房供給）。これで地区内で発生する下水と都市ごみを集め、処理層でメタンガスに変え、これを燃やして発電し、これと地冷設備で建物に電力と熱を供給します。

かつて、日本列島では無数の鉱山が開発されました。そのために、現在では日本列島の地下は穴だらけで、そこは水没したり放置されたままになっていますが、今後はこれらをおおいに利用したらよいと思います。いまのところ、こういったところでは、酸性で重金属の多い坑内水の処理に追われ、かつての鉱山は悪者扱いにされがちです。鉱山が盛んに稼働していたときは宝の山と思われ、おおいにもてはやされていました。しかし、閉山になると急に悪者にされてしまうのです。しかし、どんな悪者にもよい面があり、やり方によっては修復し、復活することもあるのです。鉱山付近の地質はいままでに多くのボーリングがうたれ、よくわかっています。このほかに坑内の安全性や地下水の流れなどの調査をして、坑内の利用法を今後考えていくとよいと思います。

二十一世紀に地下都市をつくっていくことは二十一世紀だけではなく、もっと先の人類生存にとっても意味があると思います。それは、いまのまま二酸化炭素の排出が進み、温暖化が進むと、地球は住みにくい環境となっていくからです。また、もっと長期的な先を考えると、地球には氷河期が訪れるといわれています。このようなとき、地上はたいへん住みにくい環境となるでしょう。このような場合も考え、人類の生存の場を考えておく必要があるでしょう。その有力候補地として地下空間があげられます。

このほかには、火星などの惑星も考えられます。この惑星に人間が移り住む計画は昔からなされ、惑星の地球化をテラフォーミングといいます。このテラフォーミング計画は、初めは、SFの世界から始まったものですが、一九六一年に惑星物理学者カール・セーガンがサイエンス誌に金星の環境改造の論文を発表して以来、多くの科学者によりとりあげられるようになりました。現在では、NASAを初め、火星や金星の地球化に関する研究プロジェクトが進められています。この種の大型プロジェクトは、一九八〇年代〜一九九〇年代になり、下火になりましたが、一九九六年に火星からきた隕石中にバクテリアの微化石に酷似したものが発見され、火星に生命をみいだす計画が推進されています。それと同時にこのテラフォーミング計画が注目をあびています。

地下にせよ、惑星にせよ、人類が生き延びるためには、つねに新天地に移り住むという計画を事前に用意しておく必要があるでしょう。そうでないと、いつ人類が破滅してしまうとも限りません。

地下空間や宇宙空間も人類の生存の場として考えるということは、地球環境をもっと広くとらえ、よりグローバルに考えるということです。狭義の地球環境から、よりグローバルでより長期的な時空間（広義の地球環境）に人間が進んでいくためには、それだけの技術を身につけておかないといけません。近年、科学技術は進歩し、さまざまな武器がつくりだされました。例えば、リモートセンシング・地震波トモグラフィー・コンピュータ技術・化学分析・同位体分析技術など数え上げればきりがありません。これらの技術によって地球システムの実体が明らかにされ、地球システム科学という学問も進展しました。これらの技術を発展させて、宇宙空間・地下空間をさらに明らかにすれば、人間自身がこれらの空間へと進出していくことも可能でしょう。新天地には夢がありますが、夢を追い求めるのが人間です。科学はロマンであり、ロマンを実現するのが人間です。しかしながら、夢やロマンを追い求めるだけではいけません。データの蓄積・実証的な研究などたゆまざる努力が必要です。一歩一歩着実に進歩すると同時に新しい発想をもって新天地を切り拓いていく勇気が必要です。また、進歩だけではなく、あるときには立ち止まったり、場合によっては、後退する勇気も必要でしょう。

4　二十一世紀の人間社会システムを考える

人間社会システムのあり方の考え

以上述べてきたことをもとにして、二十一世紀の人間社会システムのあり方、および人間と自然との関係について考えてみましょう。まず、社会システム全体についてシステム論的に考え、そして、日本の社会についてみてみたいと思います。最後に、最近いわれている環境倫理について考えます。

この人間社会システムのあり方については、さまざまな考え方がだされています。これらをまとめると以下のとおりです（鹿園、一九九二）。

(1)　人間社会の発展のために自然から資源をとりいれ、利用し、産業を発展させる従来からの大量消費・大量廃棄のシステムです。資源を中心にした社会ですが、大量廃棄により廃棄物問題・地球環境問題が生じます。

(2)　人間社会の発展のために資源・環境問題をともに考える考え方があります。これは(1)の延長線上にあり、人間社会中心主義・合理主義であり、新しい科学技術（先端技術）と情報科学をもとに社会の発展を考えています。

(3)　(1)、(2)では廃棄物・地球環境問題を解決できないので、リサイクルを促進し自然内での循環と共生という概念をもとにする考えが最近だされています。

以上の考えの中で、日本の社会で現在最も注目されているのが、(3)の〝循環・共生型社会〟を目指す考え方です。平成十年度の環境庁の白書でこの考えが述べられていますので参照して下さい。

現在では、(1)、(2)というシステムのみでは持続的社会をつくりだすことは難しいことが明らかになってきました。

それでは(3)の考えでよいのでしょうか。以下ではこの考えの妥当性について考え、地球システム科学の立場からこれとは異なる考えについて述べてみたいと思います。

従来の社会システムは「生産・消費・廃棄」型という成長志向型システムでした。しかし、いままで述べてきましたように、このシステムは破綻をきたしていることが明らかです。それは特に、廃棄物が大量に増え、処分場の確保が難しくなっている点と、処理場・処分場からでてくる廃棄物が生物と人間に悪影響を及ぼしているからです。このような点を踏まえて、最近では循環・共生型社会への転換の必要性がいわれています。具体的には、水やエネルギーを地域内でなるべく自給自足できる町づくりを推奨し、廃棄物をださないゼロエミッション型社会を目指しています。このゼロエミッションという概念は、日本に本部をおく国連大学が、アジェンダ21（「持続可能な開発」をテーマに一九九二年にブラジルのリオ・デ・ジャネイロで開催された国連環境開発会議で採択された行動指針）を受け、一九九二年に提唱したもので、「水圏・大気圏への排出を一切根絶し、あらゆる廃棄物がほかの部門における原料に転換される」と定義されています。

以下では、この循環共生型社会やゼロエミッション型社会とはどのような社会なのかを簡単に説明します。そして、これらの考え方の問題点を述べ、それに代わるその後の社会システムを考えたいと思います。

まず、循環共生型社会とはどういう社会かについて考えたいと思います。そのためには、〝循環〟と〝共生〟の意味をはっきりしておく必要があります。〝循環〟は、物質やエネルギーの流れが閉じている必要があります。まず、エネルギーですが、これは明らかに人間社会システム内だけで閉じてはいません。すなわち、人間は地球内部エネルギー（放射壊変による熱、重力エネルギーなど）と地球外部エネルギー（太陽エネルギー）を人間社会システムの外部からとりいれています。そして、廃熱として人間社会システムの外部へ出しています。この廃熱をなるべく利用することも考えられていますが、とりいれたエネルギーのすべてを人間は消費できません。したがって、エネルギー面について〝循環〟は成り立ちません。したがって、いまいわれている〝循環共生型社会〟の〝循環〟はおもに物質の循環をさしていると思います。しかし、物質の循環はエネルギー循環と密接に関係しています。物質循環だけを単独でとりあげることはできないので、物質の循環は成り立たないのですが、ここではかりに、この物質の循環だけをとりあげることができるとしましょう。そして、この物質の循環が成り立つかの検討をします。物質の循環といったときに、循環をしている物質が循環システムの外からまったく出入りがないとしましょう。普通は、これほどまでに循環を厳密に定義しませんが、少なくとも図27に示すインプット（F_1）とアウトプット（F_3）より循環のフラックス（F_2）が大きくないと、全体として循環システムとはいえないでしょう。しかし、いまのところF_1、F_2、F_3の割合がどのくらいであれば、循環システムと呼ぶのかは定まっておりません。

ゼロエミッション社会システムとは、F_3がゼロのシステムをいいます（図28）。F_1がゼロである必要は必ずしもありません。

また、$F_1=F_3$のとき、定常的社会システムといえます。しかし通常、社会システムはこの定常システムとなってはいません。一般に$F_1>F_3$ですが、いままでの社会ではF_3がかなり大きいものでした。このシステムをワンウェイ（一方向的）システムといいます（図29）。

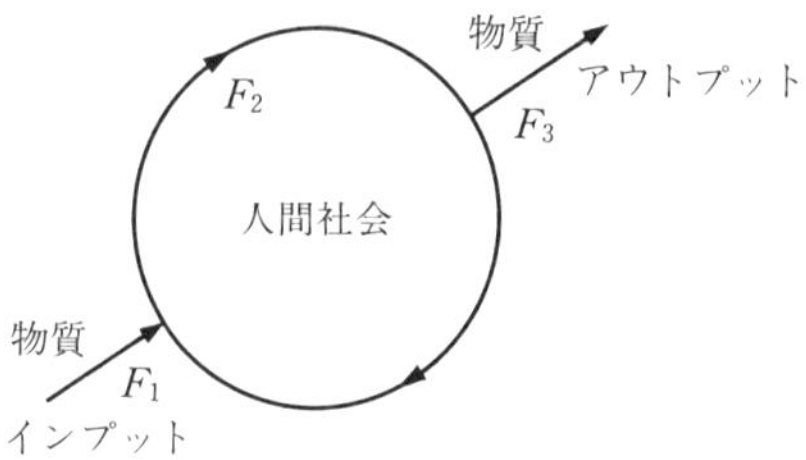

図 27　人間圏への物質のインプット（F_1），アウトプット（F_3），人間圏内での物質循環（F_2）

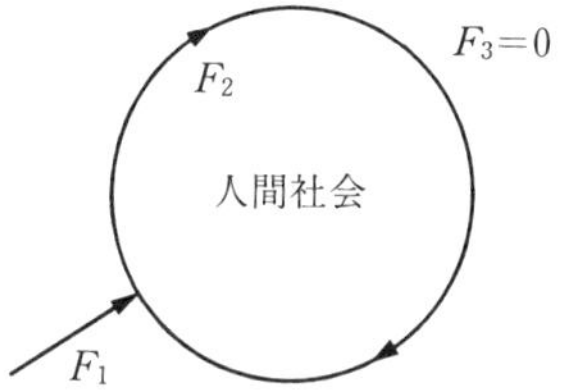

図 28　ゼロエミッション型人間社会システム

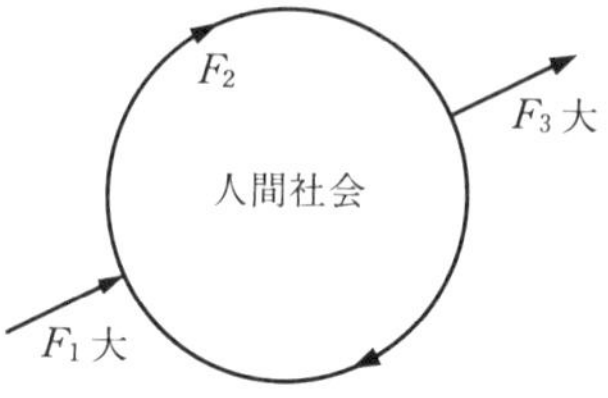

図 29　ワンウェイ型人間社会システム

　ここでは、人間社会システムへのインプットとアウトプットだけで循環システムとワンウェイシステムを区別しましたが、厳密にいうとそれだけではなく、人間社会システム内にとどまっている物質の質量（M）、このMとFより導かれる滞留時間（T）という概念を導入する必要があります。ここで、TはM/Fです。このTが非常に大きければ、循環システムに近く、Tが小さければワンウェイシステムに近づきます。例えば、人間社会からのアウトプットのうち再利用率が増加すれば、アウトプットが減少しTが大きくなります。この再利用率が増すということは、図の負のフィードバックが増すということを意味しています。F_3が小さくなってもF_1が大きければ、人間社会システム内のMは時間とともに大きくなり、ものにあふれた社会になります。この場合は、非再生資源の量が減り、これらの耐用年数は小さいものとなります。

現在の日本の社会システムでのマテリアルバランスをみると、図30に示すように、F_1はF_3に比べて圧倒的に大きくなっています。これはF_3が小さいというより（廃棄物量は、処分地面積・容量に比べ多いのでF_3が小さいとはいえません）、F_1が多く、社会システム内にとどまり蓄積量が増え続けているということがいえます。これは、いつかは廃棄物となるのですから、廃棄物予備軍といえます（環境庁、一九九八a）。この予備軍が今後時間とともにどのように処理・処分されていくのかが問題となります。F_3が定常的に少量ずつ長い時間をかけてでていくのならまだよいのですが、社会システム内の容量限界を超え、バブルのようにはじけたらたいへんです。この現象が将来的に起こるかどうか、起こるとしたらいつ起こるのか、どのような形で起こるのか、その後の人間社会システムの変化が問題となるでしょう。

以上述べたF_1、F_2、F_3、M、Tというのはそれぞれの物質やエネルギーで異なります。物質の種類は数限りなくあります。また、それぞれは独立して振る舞いません。したがって、これらを解析するのは非常に難しいことです。この問題を簡単化するために、ここでは第1章の「資源と廃棄物

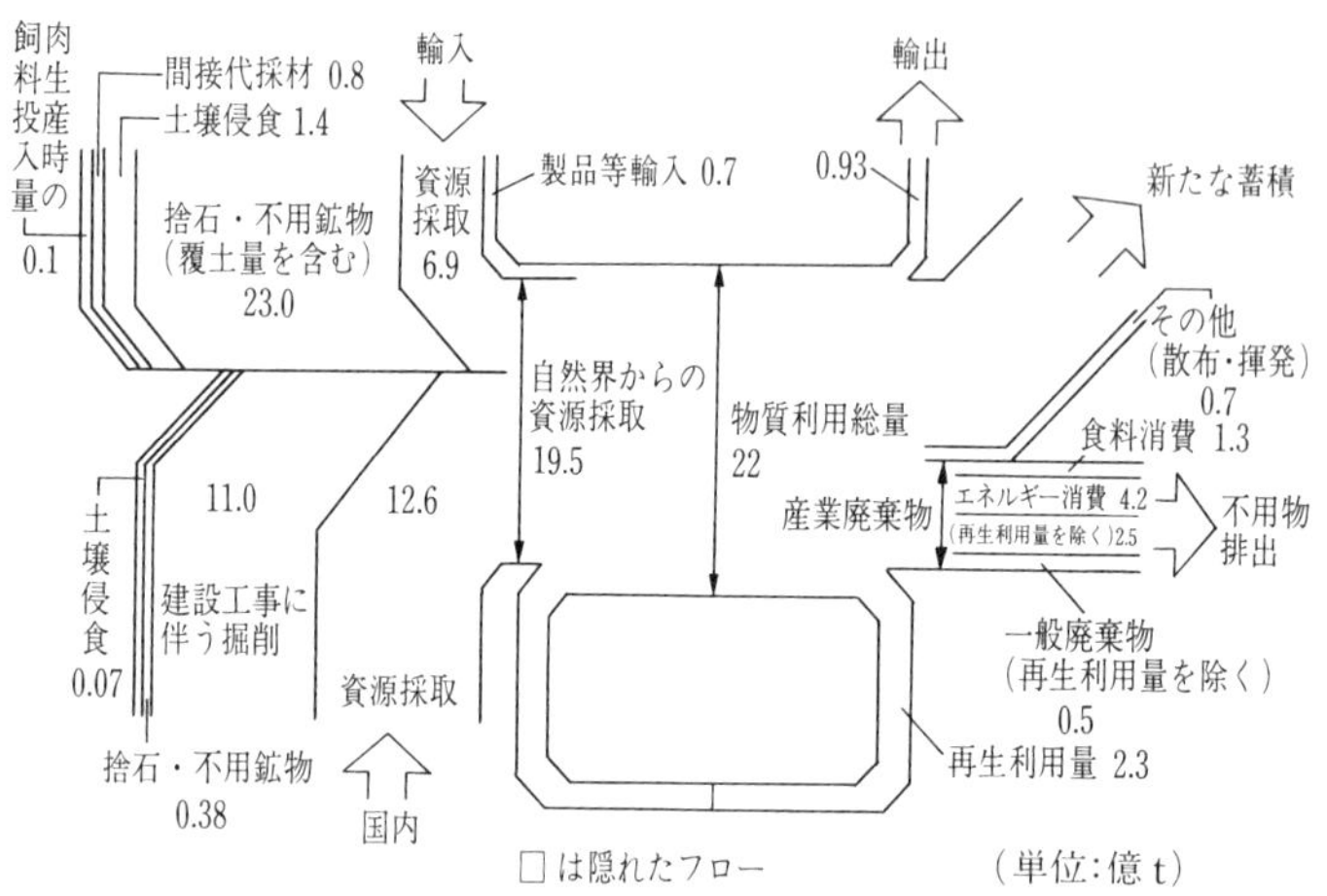

注：水分の取り込み（含水）等があるため，産出側の総量は物質利用総量より大きくなる。

図 30　わが国のマテリアルバランス（物質収支）（環境庁編：わが国の環境対策は進んでいるか，環境庁（1998 b）より）

の関係」でも述べましたように、物質の流れからいって、廃棄物を再生資源型と非再生資源型に分けて考えてみたいと思います。

再生資源型の場合は、いわゆる〝循環型〟社会の構築に向けて努力することはおおいに意義があると思います。そして、ゼロエミッション型社会を理想として努力することもよいことであると思います。この循環型社会システムを図に示しました。しかし、現在の産業構造は工業が基幹となっています。工業はおもに化石燃料エネルギー（石油・石炭・天然ガス）・原子力などの非再生資源によって支えられています。これらのエネルギーを消費すれば、二酸化炭素・二酸化硫黄・酸化窒素といったガスは必ずでてきます。石油からつくられるプラスチック類の廃棄物、金属鉱山からとられた重金属の廃棄物もでてきます。廃プラスチックや金属廃棄物の再利用技術も進んでいます。しかし、そのためにはエネルギーが必要で、その際に二酸化炭素がでてきます。この廃棄物としての二酸化炭素の回収・除去が大問題です。これについてはさまざまな取り組みがなされています。例えば、火力発電所からの二酸化炭素の回収（化学的・物理的吸収・物理吸着・膜分離など）、二酸化炭素の分解・燃焼などがありますが、発生源における回収・除去については技術的・コスト的面などからすべてをこれで行うことはできません。どうしても二酸化炭素の除去は、第3章の「二酸化炭素の処分方法」でもみましたように、自然の作用にたよらざるを得ません。自然の作用にもいろいろあり、その中でも効率がよいのはおそらく森林による二酸化炭素の吸収でしょう。しかし、これは結局のところ非再生資源（石油・石炭）→再生資源（森林）という移動です。大量の石油・石炭を燃やせば、大量の森林が成長しないといけないのです。しかし、急激な環境変動が起こり森林が枯れてしまったら、森林が分解し大量の二酸化炭素が大気へいきます。二酸化炭素を地下に処分すれば、環境変動によって地下の二酸化炭素が大気へ戻るということはまず考えられません。

放射性廃棄物についても前章で地下処分という方法について述べました。この廃棄物はもともとはウラン鉱石などからでてきたものです。このウラン鉱石は非再生資源です。すなわち、岩石圏にある非再生資源（ウラン）を人間社会システム内に入れ、エネルギーを利用してでてくる廃棄物を岩石圏に処分するというワンウェイシステムです。このように、非再生資源については循環システムは難しく、ワンウェイシステムにならざるを得ないと思います。

もちろん、この非再生資源についてもインプットとアウトプットを少なくし、Tを大きくする必要はあると思います。しかし、厳密な意味でのゼロエミッションは不可能でしょう。一般にいわれている産業廃棄物・一般廃棄物もその多くが再生資源がもとになっているものというより、非再生資源がもとになっているものが多いのです。したがって、こういった廃棄物についての完全な意味でのリサイクルが可能であるかという問題があります。

以上の議論は、物質によってF、T、Mはそれぞれ違うのであって、すべてをゼロエミッションにして循環型システムにすることは難しいということです。それぞれに応じたシステムを考え、それして全体的なバランスを考えるべきでしょう。〃循環型〃といえばわかりやすく、なんとなく理解している気になりがちですが、もっと具体的にそれぞれの資源の物質の流れ（循環ではありません）を考え、それぞれの流れの相互作用について考えないといけないと思います。

このシステムを模式的に描くと、図31のようになり、循環システムとワンウェイシステムはまったく独立して存在するものではありません。相互に作用しているのです。例えば、現在の畜産業・

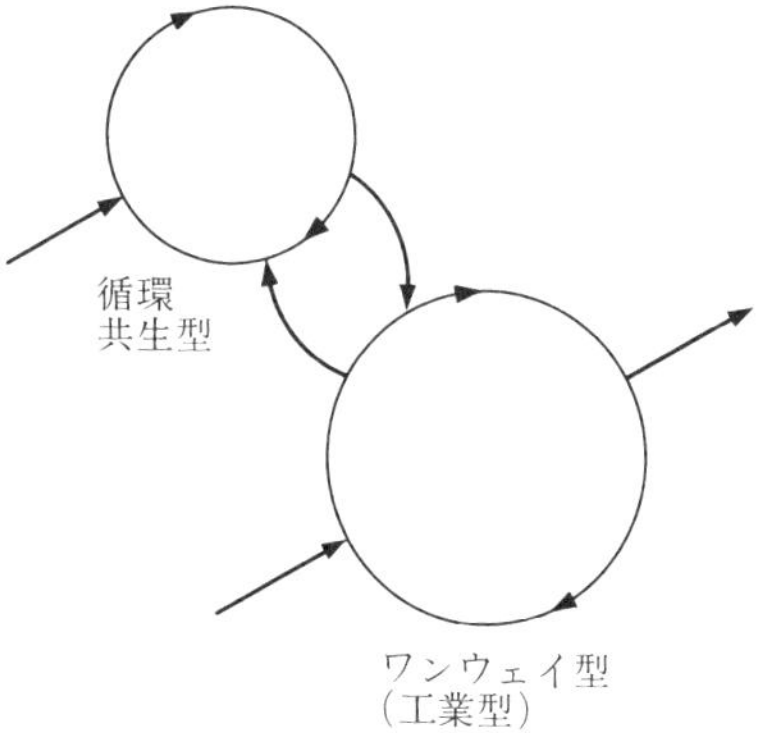

図31　循環・共生システム（農業型）とワンウェイシステム（工業型）の相互作用

農業についてみてみましょう。よい悪いは別にして、現在ではこれらも大量生産・大量消費方式をとっています。例えば、農薬・肥料を大量に用いて、品質のよいものを大量に生産・消費しています。これらの促進剤である農薬・肥料は化学工業により生み出されたものです。これらに対して〝循環共生型〟社会は相反しています。循環共生型社会をつくりだすには、図31の循環システムとワンウェイシステムを切り離し、それぞれ独立したものとして循環システムをつくりだす必要がありそうです。このような社会ができたとき、果たしてワンウェイシステムを循環システムに変えることができるのでしょうか。ワンウェイシステムのエネルギー源は化石燃料と原子力ですから、非再生資源を用いないでエネルギーが無限にある再生資源である太陽エネルギーや核融合エネルギーだけを用いればこれは可能かもしれません。しかし、少なくとも当分の間は難しいでしょう。いまこのような大転換をはかったら社会の規模（人口など）を現在よりかなり小さく、人間の生活レベルも大幅に下げないといけないことになるでしょう。

このほかの問題として、いままでの〝循環型社会〟という考えでは、インプットについてはあまり考えていない点があげられます。これはアウトプットをゼロにしたり、再循環をさせるという考えです。物質の流れは、地球システムの資源から始まり、人間社会に入り、そしてアウトプットされ、地球環境におかれ、そこで変化・分解・浄化・悪化し、人間・生物に影響を与えるのです。これらの一連の物質とエネルギーの流れについてよく理解する必要があります。アウトプットのところや人間社会だけをとりあげるわけにはいきません。これらは地球システムとは独立ではないのです。

それでは、つぎに〝循環・共生〟の〝共生〟の意味について考えてみましょう。共生は読んで字のごとくともに生きるという意味ですが、なにがなにとともに生きるのでしょうか。もともとの〝共生〟は生物学で使われていたのであって、人間や生物がともに生きるという意味ですが、私はこの場合、人間が地球環境（生物、水、大気、土壌）とともに生きるという意味だと思います。しかし、ここで矛盾が生じます。繰り返しになりますが、地球環境の大部分は岩石よりできています。岩石圏とほかのサブシステムは無関係ではありません。おおいに関連していることは何度も述べてきました。また、地球環境をかりに生物・水・大気・土壌に限ったとしても人間・生物は生きていますが、水・大気・土壌は存在してはいますが、生きているのではありません。ここで、〝生きている〟という意味が問題ですが、〝生きている〟ことと〝存在している〟ことは意味がまったく異なります。〝存在〟というと、時間的に変化のない静的なものとしてとられがちですが、ここでは、存在を発展・変化をする動的な存在ととらえたいと思います。

循環・共生型社会は、極端なゼロエミッション型とは異なります。図32に示すように循環は人間社会だけで行われるのではなく、人間社会―地球環境内でも行われます。しかし、地球環境としてはおもに生態系（または生物圏）を考えています。水や土壌を考える場合もありますが、岩石圏は

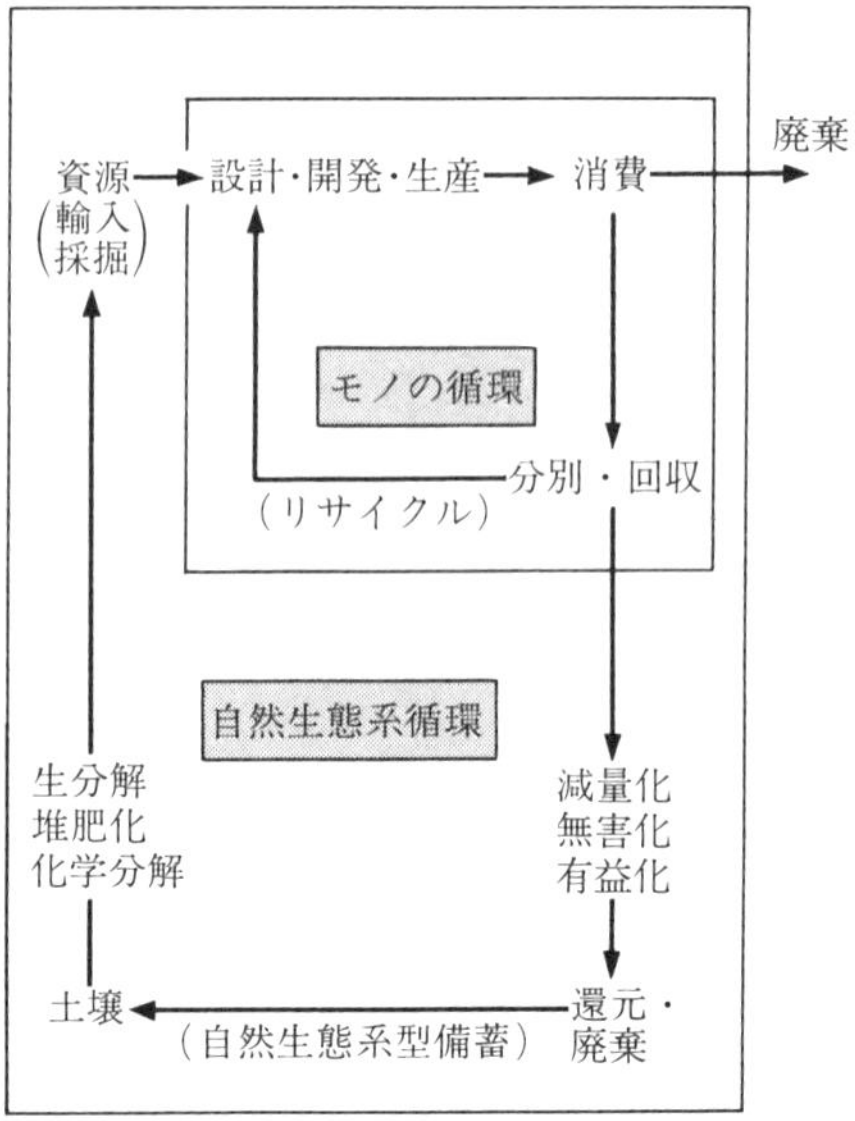

図 32　人間社会―生態系循環

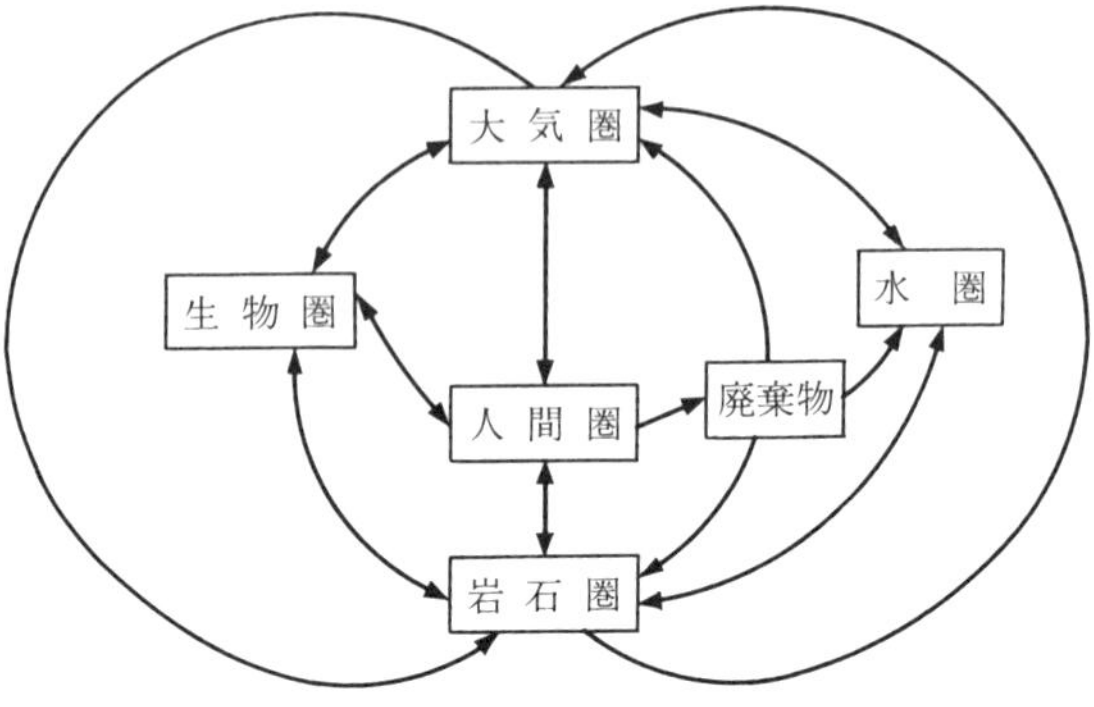

図 33　開放・共存型社会システム

考えません。図に示すA→Bの例として、例えば堆肥があげられます。ごみを堆肥として利用し、これが植物の栄養となり、人間が植物を食料として利用します。

地球は岩石圏が大部分で、この作用によって生物・大気・海・土壌は大きく支配されています。したがって、ここでは地球環境（地球システム）は、大気・水・生物・人間・土壌・岩石というサブシステムが存在し、おたがいに相互作用をしているシステムと考えます。また、人間社会から廃棄物が放出されるので、これを一つのサブシステムがいままでどのように変化し、将来どのように変化していくのか、また、人間がどのようなシステムを構築していくのかだと思います。廃棄物だけをとりだし、これをすべてなくすことはできません。

図33に示した人間社会システムは、ほかのサブシステムに開いたシステムです。そして人間社会システムは、ほかのサブシステムと共生ではなく共存しています。すなわち、こういう社会システムは〝開放・共存システム〟です（図33）。ここでは二十一世紀の人間社会システムとして、この〝開放・共存システム〟を目指すとよいのではないかと考えます。〝循環・共生〟といった閉じたシステムは考えません。〝開放・共存システム〟は〝循環・共生システム〟よりも動的で発展的なシステムです。場合によっては、新しいフロンティア（地圏・宇宙）に進出していきます。しかし、その際に注意しなければいけないのは、この発展がいままでどおりの大量消費・大量廃棄にならないようにしないといけないことです。

江戸時代は循環型社会であり、理想的な社会であるということが最近いわれています。確かに農業・漁業・林業型システムとしては理想に近く（これについても異論はあると思いますが）、学ぶべき点はおおいにあると思います。しかし、現代人は、第一次産業とともにほかの第二次・第三次産業もベースにしています。これらの産業を成り立たせるためには非再生資源は不可欠です。これらを捨てることがはたしてできるでしょうか。

人間の歴史や地球の歴史をみても明らかですが、歴史は非可逆的です。もとに戻ることはなく、古い時代と同じシステムに戻すことはたいへん難しいことだと思います。人間は、素晴らしい科学技術を発展させてきました。今後、これらをもとに発展的で持続的な人間社会の構築を目指すべきでしょう。目指すべきというより現実にこのような方向に向かっていくのではないでしょうか。しかし、そのためにはたゆまない努力が必要で、一つ一つ積み上げていかなければいけないことはもちろんです。自然システムは時間に対して非可逆的であり、また、自然システムを構成するサブシステムは開放系です。人間社会システムを自然システムの一部とみなすならば、人間社会システムも非可逆的であり、開放的にならざるを得ません。

ところで、循環・共生型はある意味で理想的社会です。したがって、このような方向へ向かうことはよいことのように思えます。しかし、本当によいのかどうかの詳しい検討が必要です。ワンウェイ型とこの循環型を切り離し、ワンウェイ型をなくすとしたら、そのときにどのような変化が起ころのかをよく解析し、予想しておかないといけないと思います。

現在は、エネルギー資源（化石燃料・原子力）をもとにしたワンウェイ社会も存在しているのです。両方のシステムをうまくバランスさせることが重要で、開放・共存型システムをこのようなものへもっていくことが大事でしょう。この両システムの間には相互作用が存在しています。この相互作用の解明がいまはされていません。今後は、これについてさまざまな角度から明らかにしていかなければいけません。

ここでは、物質移動をワンウェイ型・リサイクル型・循環共生型というようにいくつかの型に分けましたが、無数の物質があり、それぞれの物質により人間や生物にとって適した物質移動のパターンがあるはずです。しかし、そのパターンをみつけるだけではいけません。それと同時に人間―自然システムの全体解明をしないといけないと思います。

環境倫理との関連性

以上述べてきた、人間社会システムをどうとらえるか、という議論をする際の基本的な考えとして環境倫理があります。以下では、まず環境倫理の考え方を紹介し、いままでの議論と環境倫理との関連性について述べてみたいと思います。この環境倫理とはつぎのようにまとめられます。

① 自然の生存権
人間だけでなく、生物の種・生態系・景観などにも生存の権利があり、それを否定してはならない。
② 世代を越えた公平性
現在世代は、未来世代の生存可能性に対して責任がある。
③ 地球全体主義（地球の有限性）
地球の生態系は開いた宇宙ではなく、閉じた世界である。

①についてですが、これは人間だけに生存権を認めると自然破壊が正当化され、自然破壊が進んでしまうため生まれてきた考えです。しかし、この場合の自然はどこまでなのかが問題になります。この自然の生存権でいう、〝自然〟とは、生物と景観を意味しています。景観には、山や水も入るでしょうから、岩石圏（地圏）も入れる必要がでてきます。しかし、人間の目に触れない地球の大部分を構成する岩石（地殻・マントル・コア）は入らないでしょう。ところで、岩石圏や水圏は生きたものではありませんから、生存はしていません。したがって、これらには生存権はないと考えたほうがよいと思います。自然の生存権ではなく、人間を含む生物の生存権というほうが正しいと思います。環境は地球は人間と生物以外に水・土壌・大気・岩石といった無生物を含み、しかもこれらが環境や地球の大部分を占めます。したがって、このようないい方は正しくない表現で

す。どうも人間の都合をもとにしたいい方のように思われます。環境倫理でいう〝自然〟というのもあいまいないい方ですので，もっと具体的に示し，それぞれの関係を示したほうがよいでしょう。

②については，現代世代が環境破壊を進め，負の遺産を残したとしたら未来世代は大きな被害を受けます。これを防ぐために生まれた考え方です。

同一世代の公平性についての本質的な異議はありません。しかし，なんについての公平性かが問題となります。通常いわれている環境（生物・水・大気・土壌）だけでなく，岩石圏（地圏）を含めた環境と資源の公平性を広く考えるべきでしょう。これらは，人間と生物にとっての公共財産であり，現在だけでなく将来世代にとっての財産でもあります。この場合，どのくらいの将来まで考えるべきかという議論がよくあります。例えば，現代人がこの先一万年後までの環境変動については科学的に予測できるとします。この場合，予測できない一万年後以降の責任をとることはできません。しかし，それでよいのでしょうか。もしも，現代人がそれ以上先の将来まで深刻な悪い影響を与えるとしたら，それ以降まで責任はあるという考えもでてきます。

ところで，現代人は，現代人が現在だしている廃棄物についてのみ将来世代に対して責任があるのでしょうか。過去の世代が残した負の遺産が多くあります。現在の環境悪化はなにも現代人によってのみ引き起こされたのではありません。産業革命以降，さまざまな環境問題が生じ，現在までその負の遺産がたまっています。この負の遺産をそのまま放置したら、将来世代に悪い影響を及ぼします。この負の遺産が現に存在していることを現代人は知っている以上、なるべく少なくする努力が必要です。さらに積極的に負の遺産の現状を明らかにし、それをみつめるべきだと考えます。過去の人たちが残したものは関係がないというのではなく、これについても正面から取り組んでいき、できるだけ解消してから、将来世代へと引き継いでいくべきでしょう。現代社会は、過去の遺産の上に成り立っているのですから、正の遺産だけに注目するのではなく、負の遺産にも目を向け、これを取り除いていく努力が必要なのではないでしょうか。

③の原則については、多くの議論があると思います。この第三の主張は、地球生態系を閉じた世界と考え、利用可能な物質とエネルギーの総量は有限と考えるものです。したがって、物質・エネルギーの公平な配分をしなければなりません。すべての決定の基本を地球生態系全体と考えます。しかし、その根本である利用可能な物質とエネルギーの総量が有限であるという考えも、よくよく考えるとはたしてこれでよいのかという疑問がわいてきます。総量は有限であるので枯渇して利用できる分が残っていない、というニュアンスに聞こえてしまいます。ここでは詳しいことは述べませんが、資源の枯渇性という問題は、科学技術や経済問題とも絡んでおり、たいへん複雑な問題であるということだけは、認識しておきたいと思います。

日本人とアメリカ人の環境意識

以上、述べてきた環境倫理の考え方は、日本人の歴史から生まれ育ってきたものではありません。欧米、特にアメリカ合衆国（以降アメリカといいます）から生まれてきたものです。権利を主張し、契約社会であるが故に生まれたのだと思います。そして、このような考え方がはたして本当によい考え方なのかという根本的な問題があり、また、アメリカ・ヨーロッパで生まれ育った環境倫理の考え方をそのまま日本で受け入れてよいのか、という問題もあります。

現在はさまざまな環境問題、例えば、ダイオキシン・環境ホルモンの問題が取り上げられ、日本人の環境意識は高いと思われがちですが、現在でもこの意識はほかの国の人々に比べて低いといわざるを得ません。それでは、なぜ日本人の環境意識は低いのでしょうか。「環境意識が低いのはよくないことだから、これは改めるべきである」というのは簡単ですが、考え方を改めるには、まずその理由から考えてみる必要があるでしょう。ここでは、自然科学と人文社会科学の両面からみてみたいと思います。特にアメリカの国土とアメリカ人の気質と日本とを比較しながら考えてみます。

自然科学的側面

まず、アメリカと日本との自然科学的相違点を簡単にまとめます。日本列島はプレート境界近くの変動帯に属しています（図34）。したがって、山地の多い地形となっています。南からは季節によって台風がやってくる湿潤帯に属し、雨が多く降ります。火山が多く、土壌・岩石は火山灰など新しい時代にできたもので、水をよく吸収します。水は地下に浸透し、その間に浄化され（pHが上昇し）、河川となって流れていきます。雨量が多いために植生も豊かで、植物や微生物による浄化作用も働きます。一方、アメリカ大陸は、大部分はプレート境界から離れた安定した古い時代の岩石から構成されています。岩石は硬く、水はあまり地下に浸み込んでいきません。昔できた氷河の流れた跡の凹地に水がたまり、多くの湖があります。酸性雨や汚染された水は、河川水となり流れ、湖に入り込みます。この水の滞留時間は長く、これによって水生生物が消滅してしまいます。酸性雨による森林被害も出ています。地下水も滞留時間が長く、あまり移動しません。この地下水が汚染されると、どこにも流れ去ることなく長い時間汚染されたままになります。アメリカには広大な農地がありますが、農地には大量の殺虫剤や肥料がばらまかれてきました。この農地や化学工場からの汚染物質が地下水へ入り込んでいます。日本の場合も農地には殺虫剤や肥料が大量にまかれてきましたが、農地面積は大きくありません。湿潤帯で比較的温度も高く、土壌は火山灰をもとにすることが多いため、土壌化する速度が速く、汚染されてもそれで汚染度が薄められるのかもしれません。地形が急なため、山地で形成された土壌が河川などにより、農地に適した山麓部・平野部へ流れ込みます。火山灰というのはガラスからできています。このガラスの反応速度は速く、溶

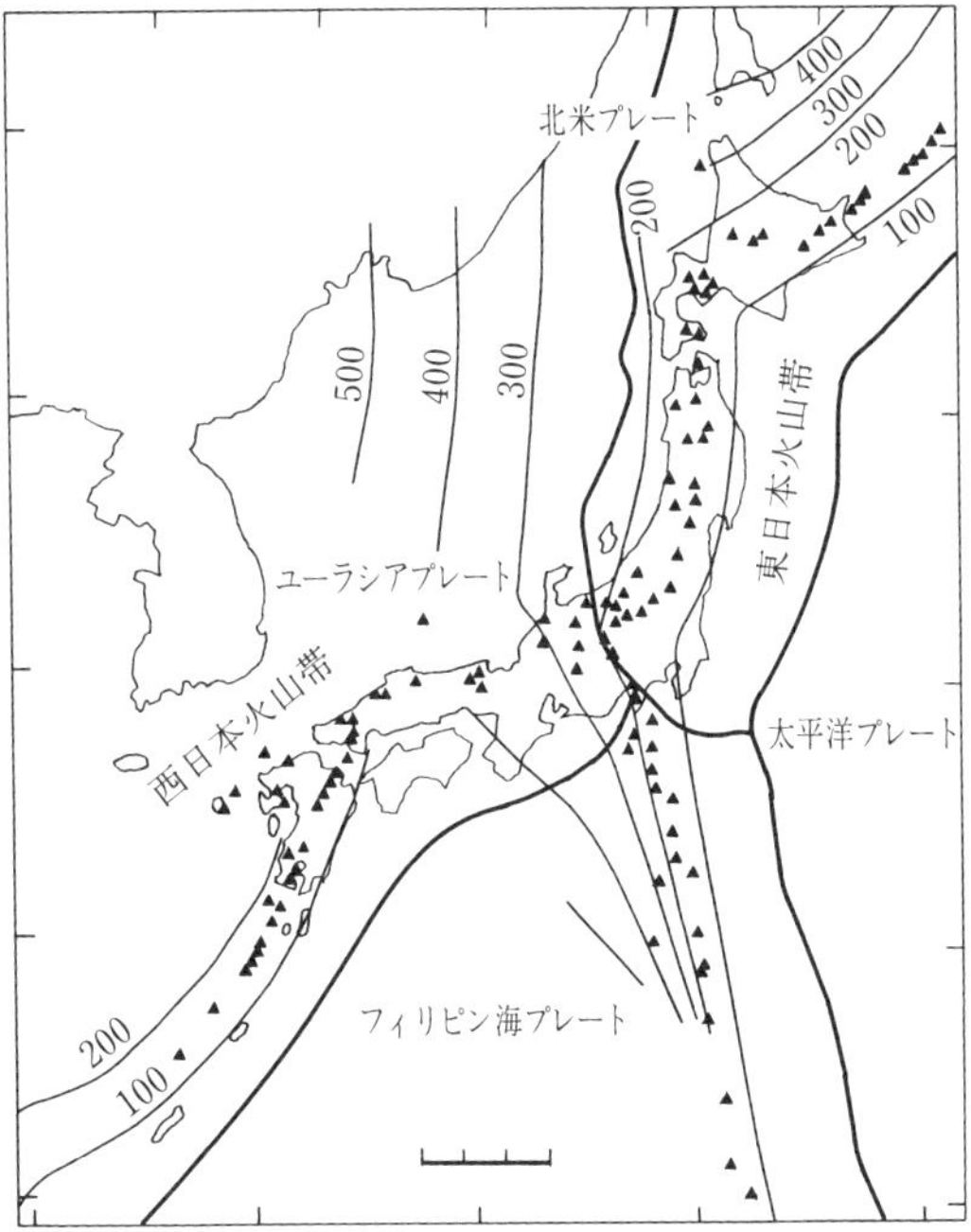

（▲は第四紀火山，――は深発地震面の深度〔km〕を示す）

図34　日本列島とプレート

けたり、新しく粘土鉱物がつくられたりします。火山灰などの粒子からできている場合は水との接触面積が広く、このことによっても反応が速く進みます。

一方、アメリカなどの大陸地域は、花崗岩・変成岩といった岩石が多く、これらには火山ガラスは含まれていません。これらの岩石は、長石・輝石・カンラン石・石英などの造岩鉱物からできています。この造岩鉱物の反応速度は、火山灰に比べるとたいへん遅いのです。このことと温度が低いことより、風化作用は進みにくいといえます。ただし、日中の温度と夜間の温度差が大きいため岩石のひび割れが進みます。この物理風化によって砂粒ができても、地形が平坦で、降水量が少ないので、水によってはあまり移動は起こりません。しかし、風によって遠くまで運ばれます。このことで、汚染物質が広範囲にばらまかれてしまいます。変成岩や花崗岩は、高温高圧の地下深部でできたもので、これが現在地表に現れているのです。これらの岩石は堅く、空隙は少なく、したがって雨水はあまり地下に浸み込んでいきません。酸性雨は地表面を流れ、河川や湖沼へ直接流れ込み、河川水や湖沼水のpHが低くなります。

前章でも述べましたが、日本列島は、以上の地質環境により酸性雨が地下に浸み込み、pHは上昇し、この地下水が河川に入っていきます。したがって、河川や湖沼の酸性化は起こっていません。酸性雨による若干の被害もでているようですが、河川や湖の魚が酸性雨によっていなくなったということはありません。したがって、日本人にとって酸性雨問題はあまりピンとこないのが実状です。

ほかの地球環境問題についてもあまり身近な問題とはなっていません。例えば、日本列島で砂漠化は起こっていません。また、熱帯雨林の消滅はみられません。オゾン層の破壊による直接的被害は受けていません。二酸化炭素による温暖化問題はグローバルな現象であり、なにも日本だけとは限りません。最近、二酸化炭素問題が大きくとりあげられていますが、これは、わが国が主体的に取り組んでいるというより、国際的圧力により取り組み始めたといえます。

近年では、わが国でも地下水・河川水・湖沼水・閉鎖性海域・土壌の汚染問題は深刻化していますが、いままでは、「水に流す」であるとか「湯水のごとく」という表現があるように、日本では十分な水が流れ、大量の水によって汚染物質が希釈され、すべて水に捨てれば問題が起こらないと考えられてきました。

以上述べましたように、簡単にいうと日本は自然環境に恵まれ、その自然環境がアメリカや欧州に比べると浄化能力に優れ、直接的に環境破壊の被害をあまり受けていないので、日本人の環境意識が低いものとなっているということです。もちろん、最近の廃棄物処分場の問題など、アメリカとは違った環境問題は発生しています。しかし、廃棄物から漏れ出した毒性の汚染物が大量に人間や生物を殺したということはほとんどありません。足尾鉱毒事件・水俣病・イタイイタイ病・四日市大気汚染などの公害問題は生じました。しかし、これらは廃棄物処分場から毒物が漏れ出て起こった問題ではなく、直接自然環境へ廃棄したことで生じた公害問題です。

人文・社会科学的側面

アメリカ人の環境意識が強いのは、この国の歴史と深いかかわりがあります。まず、アメリカは東から西への開発の歴史によって特徴づけられています。このことより、多くの森林や動物（バイソンなど）が失われ、環境汚染が進みました。日本ではこのようなことはなく、現在でも国土の中で森林の占める割合も約六十七パーセントとたいへん大きいものです。また、大型動物（鹿・熊など）、鳥類も生き残り（注1）、生物に多様性があります。

白人の多くは、ヨーロッパから移住してきましたが、ヨーロッパでも自然破壊・略奪への深い反省より自然環境保護運動が生まれ、この影響をアメリカ人は強く受けたといえます。ところで、欧米での自然破壊と略奪は、人間は自然と対立し、人間が自然を支配することができるというキリスト教の教えに基づく人間中心主義の考えに根ざしているといわれています。この考えにより自然科学は発展してきたのですが、逆に自然破壊も進んでしまいました。しかし、これに対する自然保護思想も生まれ、自然権が提唱されました。そして、これがさらに環境倫理という考えに発展しました。

（注1）　もちろん絶滅種（日本オオカミなど）も多くあります。

アメリカは特定のある国の人たちだけによって開発されたのではありません。さまざまな時代にさまざまな場所へいろいろな国から移民がやってきて，アメリカ全土へ散らばっていったのです。そのときに多くの摩擦が起こりました。最も代表的な例は，開発の初期の頃のネイティブアメリカンと白人の争い，奴隷としてアフリカから連れてこられた黒人と白人の対立，その他にもさまざまな民族（イギリス・アイルランド・イタリア・ドイツ・中国・韓国・日本・メキシコなど）が移住してきました。そして，それぞれの間で多くの葛藤が生まれました。そのような過程の中で，多民族国家を形成し，個人レベル・民族レベルなどあらゆるレベルでの権利の主張がなされ，権利概念が拡張されてきました。このことと自然破壊への反省という考えが結びつき，自然も生存する権利があるという自然権の考え方が生まれました。自然保護運動が起こり，ナショナルパークや野生動物保護区の整備・拡大がなされ，原生自然＝ウィルダネス概念が確立され，近年，自然保護地域面積が急激に拡大しています。

環境問題に対する法的整備・環境教育の普及も進められています。例えば，世界の環境アセスメント法制化のモデルとなっている国家環境政策基本法が一九六九年に制定されました。このほかに一九六〇年代後半のベトナム反戦運動の流れが一九七〇年代のアースデーに合流し，アメリカ全土の大学で環境学関連学部ができ，環境教育が進められています。

以上のアメリカの歴史は，日本の歴史とはまったく異なります。日本人は人間を自然と一体としてとらえます。農業・漁業社会が基本でしたので、自然と調和・共生してきました。したがって、逆に自然へ廃棄物を捨てたとしても水に流せば浄化される、自然はこのような行為を許してくれるという考えがあるのではないでしょうか。欧米でなされた徹底した自然破壊行為はしていません。したがって、これに対する深い反省がありません。また、基本的には単一民族です。したがって、民族同士の摩擦もあまりありませんでした。現在わが国でも環境倫理の考え方が広がりをみせていますが、欧米とまったく同じ考えが育っていくとは思えません。日本人的思考と欧米の環境倫理を結びつけ、日本人にあった環境倫理を育てる必要があると思います。しかし、これはたいへん難しく、長い時間がかかるでしょう。

アメリカでは法的に厳しい環境規制がされていますが、この契機となったのが、ラブ・キャナル事件です。アメリカ・ナイアガラフォールズ市のラブ・キャナルという古い運河に発がん性物質八十二種類、二八、一八〇〇トンが捨てられ、この周辺で流産・死産が多数起こり、一九七八年に住民の健康調査で染色体異常が発見されました。これをラブ・キャナル事件といいますが、その後の調査で、全米でここと同じくらい危険な場所が一、二〇〇から二、〇〇〇か所もあると推定されました（岡島、一九九〇）。この事件をきっかけに、汚染埋め立て地の修復のために制定されたスーパーファンド法は、遡及性・連帯責任を特徴としており、廃棄物処理場浄化の責任をこれに出資した銀行・保険会社まで幅広く負うことで環境浄化のための資金を集めています（高杉、一九九一）。

土地浄化責任は、土地を過去に保有管理したすべての企業にあるとされ、これによって多くの企業は、土壌調査を行い、土壌浄化に努めています。そして、多くの新しい環境修復産業が生まれました。例えば、土地洗浄法・バイオレメディエーション技術・真空抽出機などが生まれ、その中でもバイオレメディエーション技術は注目をあびています。この技術は、土中に栄養塩などを注入して土中の微生物の活動を活発化し、汚染物質を分解させるものです。

アメリカでは、市民には〝知る権利〟があり、この土壌汚染についての企業による情報開示の仕組みも強化されています。これに比して、日本では企業による土壌汚染・地下水汚染の浄化責任に関する法政は厳しいものではありません。地下水汚染原因とされた特定事業所に対して、都道府県知事が浄化命令をだせるように最近ではなりましたが、対象は工場周辺の井戸水などに限られています。また、汚染に対する企業、政府機関の情報開示は非常に遅れています。

以上の点を考えると、わが国はわが国やほかの国々で起こっている環境問題を解決する力がないという悲観的考えがでてきます。このような悲観的考えとなる理由をもう一度整理してみましょう。これらは以下の五つであると思われます。①地球環境問題が将来顕在化する可能性がある、②廃棄物処分問題が顕在化した、③国民の環境問題に対する意識が低い、④社会構造が硬直化している、⑤環境教育があまりなされていない。

まず、現在は酸性雨・温暖化・オゾン層破壊の問題はほとんど顕在化していません。しかし、これらの問題が急激に起こるということを否定することはできません。日本では環境問題が起こらなくても、ほかの国で問題が起こり、環境難民が発生し、わが国へ押し寄せてくるということもあり得ます。廃棄物問題は現在でも深刻な問題ですが、今後ますます悪化する可能性もあります。

ここで述べましたように、恵まれた自然環境、自然保護運動の歴史が浅い、多民族国家ではないなどの理由で、国民の環境意識は低いレベルにあります。

現在わが国ではバブル経済がはじけ、省庁再編など急激な政策・経済・社会体制の変化が起こりつつありますが、依然としてピラミッド型官指導体制が強く、そのために民間企業によるエコビジネスなどのベンチャービジネスを育てることが難しい状況にあります。

環境問題には、温暖化、一般・産業廃棄物、放射性廃棄物、自然災害（地震、土砂崩れ、台風ほか）などさまざまな問題がありますが、それぞれの問題で扱う省庁があり、依然として縦割り意識が強く、また、責任体制がはっきりしていません。

以上述べた理由で、わが国における環境問題は解決していくどころかますます悪化していくであろうという悲観的な考えが生まれています。

しかしながら、悲観しているだけでなにもしないわけにはいきません。袋小路に陥っている環境問題・廃棄物問題を解決していくためには、さまざまな視点から個別的に取り組み、それと同時に総合的な考えでこの問題に対する地道な努力をする必要があります。科学技術力とともに、新しい価値観を築き上げ、正面から立ち向かっていかなければならないと思います。

一方、今後、環境問題・廃棄物問題が解決されていくという楽観的考えもあります。前にもみましたように、日本列島の景観は素晴らしく、また、自然環境による汚染浄化能力が優れています。科学技術力に優れ、多くの公害問題を解決してきました。例えば、脱硫技術に優れています。省エネルギー化も進められています。日本のＧＤＰは世界第二位で資金力が多く、技術力があり、多くの大型プロジェクトを海外で行っています。日本は一般的には厳しい環境基準を打ち出しています。例えば、自動車の排ガス基準をみてみると、日本はアメリカ合衆国やヨーロッパ諸国よりも基準が厳しいものとなっています。

以上の楽観論の根拠をまとめると、以下のとおりです。

① 恵まれた自然環境、② すぐれた科学技術、③ 海外援助のための資金力、④ 厳しい環境基準。

このように、日本には環境問題を解決する高い潜在能力もあると思いますので、今後はこの能力をいかに活かしていくかが問題となります。そのためには、悲観的材料に真正面から取り組み、世界に先駆けて新しい開拓精神をもち、創造的で発展的社会をつくりだしていくようにするべきでしょう。そのためには、社会を閉じたものと考えるのではなく、自然システムに対して開いたシステムととらえ、自然システムについてもよく理解する、という考え方が基本であると思っています。

あとがき

以上、廃棄物を通して、地球と人間社会について考え、それぞれの関係についてみてみました。内容が多岐にわたりましたので、ここで本書の内容をまとめてみたいと思います。

以下では、本書で述べられた考えが、いままでの考えとどのように違うのかについて簡単にまとめ、さらにここで新たな提案を示したいと思います。

1　廃棄物と地球環境との共存をはかります。すなわち、地球環境は廃棄物を浄化する機能をもち、これらを利用することが可能です。地球環境は大気・水・生物・岩石よりなり、岩石と大気・水・生物間の相互作用の速度は極端に遅いので、廃棄物を岩石中へ処分すれば大きな遮蔽効果が期待でき、処分場として有効です。地球環境浄化技術（生態浄化技術も含めます）の開発により、特に岩石圏の利用を促進します。

2　ゼロエミッション型社会は理想ではありますが、廃棄物はどのような社会でも必ず出てきます。したがって、処分後の廃棄物と地球環境・人間・生物との相互作用について知らないといけません。

3　人間社会システムにおける廃棄物問題は、人間社会からのアウトプットおよびでた後の自然環境における振る舞いだけの問題ではありません。人間社会に入るところのインプットの問題、すなわち資源問題と密接に結びついています。再生資源は大きくみると循環共生型、非再生資源はワンウェイフロー型の物質の流れとなるということを述べました。ワンウェイフローと循環フローのバランスを考える必要があります。ワンウェイフローとは非再生資源をもとにするフローであり、循環フローは再生資源をもとにしたフローです。それぞれに適した廃棄物処分を考えないといけません。循環・共生型社会はワンウェイフローではなく循環フローです。しかし、社会をすべて循環・共生型へ転換することは、化石燃料・原子力など非再生資源をもとにする限り難しいと思います。

4　人間も地球環境の一部であり、すべてを人間の力でコントロールすることはできません。むしろまわりの環境によりコントロールされるという考えに立ち、自然環境・廃棄物・人間社会間で物質とエネルギーに関して、開いた〝開放共存型社会システム〟を目指すのがよいと思います。人間は、環境によりコントロールされる弱い存在でもありますが、未知の環境（例えば、深地下・宇宙）へも進出することのできる創造的で発展的な存在でもあると思います。発展的だからといって、従来どおりの大量生産・大量廃棄の社会を目指しているのではありません。未知の領域を開発する技術の発展の必要性をいっているのです。また、長い歴史を考えれば発展的時代もあり、そうでない時代もあります。つねに発展を願うのではなく、ときには立ち止まり、発展を抑えるときがあってもよいでしょう。

5　廃棄物とのつきあい方にはいろいろあります。すべてを悪者として撲滅してしまうやり方もあります。しかし、廃棄物によっては廃棄物を人間や自然の作用で変質させ、毒性をなくすことも可能です。廃棄物をだしたのは人間ですから、廃棄物を悪者と考えるより人間の悪い面について考え、それをなくすように努力するべきです。廃棄物問題は、物質科学的問題でもありますが、人間の哲学・倫理の問題であるととらえるべきでしょう。

6　廃棄物問題と地質環境は、密接な関係にあります。わが国は、国土が狭い上に山地が多く、人間が生活するのに適した土地が少ないため、人口が平野部に集中しています。すなわち、人口分布は、わが国の地形・地質により決められているともいえます。山地が多いのは、プレート境界にあり、また火山が多いことによります。廃棄物処分場は、人口の多いところを避けなければなりません。しかしそうなれば、山の麓の谷間を処分場とする場合が多くなります。わが国は降水量が多く、山に降った水は山麓部から湧水となり、河川となります。このようなところは、水源地となることが多いのです。水源地に処分場をつくれば、処分場から漏れ出た湧水が源泉を汚染してしまうかもしれません。

本書では、人間社会―自然インタフェースに焦点をおき、特に人間社会からのアウトプットとその自然における物質の流れ・相互作用について考えました。そして、人間社会は自然に対して開放的であることが重要であろうと述べました。しかし、人間社会内や人間社会―自然内での物質循環は、このほかに熱・エネルギー・情報・マネーの流れ・循環や倫理観と関係し、これらによって影響を受けたり、影響を与えていることは明らかです。倫理問題については若干ふれましたが、ほかの熱・エネルギー・情報・マネーなどについてはほとんど考えられていません。今後は、これらの相互作用について考え、もっと総合的な議論へと発展していくことを望んでいます。

最後に、以上に述べたことと重なりますが、ここで述べた考えをわかりやすくするために、新しい提案として以下に示します。

① 廃棄物として、ガス・放射性廃棄物など幅広く考えよう。
② 廃棄物を地球システム内の一部とみなし、廃棄物と地球システムの相互作用・プロセスを考えよう。
③ 時間スケールを長くとり、過去の廃棄物から未来の廃棄物問題を考え、解決を図ろう。
④ 廃棄物によってはワンウェイとならざるを得ないものもあるので、こういうものについては岩石圏を含めた地球システムによる浄化作用を利用しよう。
⑤ 〝循環・共生〟社会というより、〝開放・共存〟社会を目指そう。

以上の提案はまだまだ煮詰まっておらず、多くの問題があると思います。特に、④と⑤についてはさまざまな異論があろうと思います。いまのところ大きな問題は、ここで述べた考えがまだ具体化されていない点であります。例えば、深地下の利用はほとんどなされておりません。ナチュラルアナログ研究やシミュレーションも多くされていますが、いまのところ机上の空論であるということは否めません。今後、地下での実証的データが多くだされれば、もっと科学的な議論をすることができます。しかしながら、現在では地球システムに関する多くの情報が蓄積されております。このような情報をもとに地球システムについてさらに理解を深めれば、人間社会は地球システムへ影響を与えるだけでなく、地球システムから大きな影響を受けているのであって、地球システムを考えることなしに、人間社会のあり方を考えることはできないということが、おわかりになると思います。

現代は〝地球環境時代〟の始まりといわれています。二十一世紀のあるべき社会システムについてさまざまな議論がなされ、いくつかの考えが提唱されています。本書がこのような議論のたたき台の一つとなれば望外の喜びであります。私は廃棄物の専門家ではありませんので、理解のたりない点が多々あると思います。ここで述べさせていただいた考えはまだまだ未熟です。これに対して他の分野の方々からさまざまなご意見をいただけたら幸いです。

参考文献

本書は、さまざまな分野のいままでの成果を参考にして書かれましたが、代表的な参考文献を以下にあげます。

1　廃棄物問題

・D・G・ブルッキンス著、石原健彦・大橋弘士訳「放射性廃棄物処分の基礎」、現代工学社（一九八七）
・田中勝「廃棄物学入門」、中央法規（一九九三）
・化学工学会監修、久保田宏・松田智著「廃棄物工学」、培風館（一九九五）
・Yong, Mohamed and Warkentin 著、福江正浩・加藤義久・小松田精吉訳「地盤と地下水汚染の原理」、東海大学出版会（一九九五）
・廃棄物学会編「廃棄物ハンドブック」、オーム社（一九九七）
・シーア・コルボーン、ダイアン・ダマノフスキ、ジョン・ピーターソン・マイヤーズ著、長尾力訳「奪われし未来」、翔泳社（一九九七）

・寄本勝美監修、吉野敏行編「最新ごみ事情Q&A」、東海大学出版会（一九九八）
・吉田文和「廃棄物と汚染の政治経済学」、岩波書店（一九九八）

2　環境問題

・岡島成行「アメリカの環境保護運動」、岩波新書（一九九〇）
・高杉晋吾「産業廃棄物」、岩波新書（一九九一）
・加藤尚武「環境倫理学のすすめ」、丸善ライブラリー（一九九三）
・ロデリック・F・ナッシュ著、岡崎洋監修、松野弘訳「自然の権利―環境倫理の文明史」、TBSブリタニカ（一九九三）
・慶應義塾大学理工学部エネルギー・環境研究グループ編「二酸化炭素問題を考える」、日本工業新聞社（一九九四）
・化学工学会監修、黒田千秋・宝田恭之共編「地球環境問題に挑戦する」、培風館（一九九五）
・鬼頭秀一「自然保護を問いなおす―環境倫理とネットワーク」、ちくま新書（一九九六）
・環境庁編「環境白書」、平成10年度版（一九九八a）
・地球環境工学ハンドブック編「地球環境工学ハンドブック」、オーム社（一九九一）
・加藤尚武編「環境と倫理」、有斐閣アルマ（一九九八）

3　資源問題

・森俊介「地球環境と資源問題」、岩波書店（一九九二）
・鹿園直建「地球資源問題」、Ｉｎ地球環境論、一一-三六、岩波書店（一九九六）
・鹿園直建「地球資源論」、Ｉｎ社会地球科学、一三-六八、岩波書店（一九九八）

4　地球システム科学

・鹿園直建「地球システム科学入門」、東京大学出版会（一九九二）
・鹿園直建「新地学」、慶應通信（一九九五）
・鹿園直建「地球システムの化学」、東京大学出版会（一九九七）

廃棄物とのつきあい方 © Naotatsu Shikazono 2001

2001年 12 月28日 初版第 1 刷発行

検印省略

著 者 鹿《しか》 園《ぞの》 直《なお》 建《たつ》

発 行 者 株式会社 コ ロ ナ 社

代 表 者 牛 来 辰 巳

印 刷 所 新日本印刷株式会社

112-0011 東京都文京区千石 4-46-10

発行所 株式会社 コ ロ ナ 社

CORONA PUBLISHING CO., LTD.

Tokyo Japan

振替 00140-8-14844・電話 (03) 3941-3131(代)

ホームページ http://www.coronasha.co.jp

ISBN 4-339-07696-1 (宮尾) (製本：愛千製本所)

Printed in Japan

無断複写・転載を禁ずる

落丁・乱丁本はお取替えいたします

新コロナシリーズ
発刊のことば

西欧の歴史の中では、科学の伝統と技術のそれとははっきり分かれていました。それが現在では科学技術とよんで少しの不自然さもなく受け入れられています。つまり科学と技術が互いにうまく連携しあって今日の社会・経済的繁栄を築いているといえましょう。テレビや新聞でも科学や新しい技術の紹介をとり上げる機会が増え、人々の関心も大いに高まっています。

反面、私たちの豊かな生活を目的とした技術の進歩が、そのあまりの速さと激しさゆえに、時としていささかの社会的ひずみを生んでいることも事実です。

これらの問題を解決し、真に豊かな生活を送るための素地は、複合技術の時代に対応した国民全般の幅広い自然科学的知識のレベル向上にあります。

以上の点をふまえ、本シリーズは、自然科学に興味をもたれる高校生なども含めた一般の人々を対象に自然科学および科学技術の分野で関心の高い問題をとりあげ、それをわかりやすく解説する目的で企画致しました。また、本シリーズは、これによって興味を起こさせると同時に、専門分野へのアプローチにもなるものです。

●投稿のお願い

「発刊のことば」の趣旨をご理解いただいた上で、皆様からの投稿を歓迎します。

パソコンが家庭にまで入り込む時代を考えれば、研究者や技術者、学生はむろんのこと、産業界の人も家庭の主婦も科学・技術に無関心ではいられません。

このシリーズ発刊の意義もそこにあり、したがって、テーマは広く自然科学に関するものとし、高校生レベルで十分理解できる内容とします。また、映像化時代に合わせて、イラストや写真を豊富に挿入し、できるだけ広い視野からテーマを掘り起こし、科学はむずかしい、という観念を読者から取り除き興味を引き出せればと思います。

●体　裁

判型・頁数：B六判　一五〇頁程度

字詰：縦書き　一頁　四四字×十六行

なお、詳細について、また投稿を希望される場合は前もって左記にご連絡下さるようお願い致します。

●お問い合せ

コロナ社　企画部

電話　(〇三)三九四一－三一三一

新コロナシリーズ

（各巻B6判）

	書名	著者	頁	本体価格
1.	ハイパフォーマンスガラス	山根正之著	176	1165円
2.	ギャンブルの数学	木下栄蔵著	174	1165円
3.	音戯話	山下充康著	122	1000円
4.	ケーブルの中の雷	速水敏幸著	180	1165円
5.	自然の中の電気と磁気	高木相著	172	1165円
6.	おもしろセンサ	國岡昭夫著	116	1000円
7.	コロナ現象	室岡義廣著	180	1165円
8.	コンピュータ犯罪のからくり	菅野文友著	144	1165円
9.	雷の科学	饗庭貢著	168	1200円
10.	切手で見るテレコミュニケーション史	山田康二著	166	1165円
11.	エントロピーの科学	細野敏夫著	188	1200円
12.	計測の進歩とハイテク	高田誠二著	162	1165円
13.	電波で巡る国ぐに	久保田博南著	134	1000円
14.	膜とは何か —いろいろな膜のはたらき—	大矢晴彦著	140	1000円
15.	安全の目盛	平野敏右編	140	1165円
16.	やわらかな機械	木下源一郎著	186	1165円
17.	切手で見る輸血と献血	河瀬正晴著	170	1165円
18.	もの作り不思議百科 —注射針からアルミ箔まで—	JSTP編	176	1200円
19.	温度とは何か —測定の基準と問題点—	櫻井弘久著	128	1000円
20.	世界を聴こう —短波放送の楽しみ方—	赤林隆仁著	128	1000円
21.	宇宙からの交響楽 —超高層プラズマ波動—	早川正士著	174	1165円
22.	やさしく語る放射線	菅野・関 共著	140	1165円
23.	おもしろ力学 —ビー玉遊びから地球脱出まで—	橋本英文著	164	1200円
24.	絵に秘める暗号の科学	松井甲子雄著	138	1165円
25.	脳波と夢	石山陽事著	148	1165円

26.	情報化社会と映像	樋渡涓二著	152	1165円
27.	ヒューマンインタフェースと画像処理	鳥脇純一郎著	180	1165円
28.	叩いて超音波で見る —非線形効果を利用した計測—	佐藤拓宋著	110	1000円
29.	香りをたずねて	廣瀬清一著	158	1200円
30.	新しい植物をつくる —植物バイオテクノロジーの世界—	山川祥秀著	152	1165円
31.	磁石の世界	加藤哲男著	164	1200円
32.	体を測る	木村雄治著	134	1165円
33.	洗剤と洗浄の科学	中西茂子著	208	1400円
34.	電気の不思議 —エレクトロニクスへの招待—	仙石正和編著	178	1200円
35.	試作への挑戦	石田正明著	142	1165円
36.	地球環境科学 —滅びゆくわれらの母体—	今木清康著	186	1165円
37.	ニューエイジサイエンス入門 —テレパシー，透視，予知などの超自然現象へのアプローチ—	窪田啓次郎著	152	1165円
38.	科学技術の発展と人のこころ	中村孔治著	172	1165円
39.	体を治す	木村雄治著	158	1200円
40.	夢を追う技術者・技術士	CEネットワーク編	170	1200円
41.	冬季雷の科学	道本光一郎著	130	1000円
42.	ほんとに動くおもちゃの工作	加藤孜著	156	1200円
43.	磁石と生き物 —からだを磁石で診断・治療する—	保坂栄弘著	160	1200円
44.	音の生態学 —音と人間のかかわり—	岩宮眞一郎著	156	1200円
45.	リサイクル社会とシンプルライフ	阿部絢子著	160	1200円
46.	廃棄物とのつきあい方	鹿園直建著	156	1200円
47.	電波の宇宙	前田耕一郎著	近刊	

定価は本体価格+税です。
定価は変更されることがありますのでご了承下さい。

図書目録進呈◆

環境・都市システム系教科書シリーズ

（各巻A5判）

■編集委員長　澤　孝平
■幹　　　事　角田　忍
■編集委員　荻野　弘・奥村充司・川合　茂
　　　　　　嵯峨　晃・西澤辰男

配本順	書名	著者	頁	本体価格
2.（1回）	コンクリート構造	角田　忍・竹村和夫共著	186	2200円
3.（2回）	土質工学	赤木知之・吉村優治・上　俊二・小堀慈久・伊東　孝共著	238	2800円
4.（3回）	構造力学 I	嵯峨　晃・武田八郎・原　隆・勇　秀憲共著		近刊
6.（4回）	河川工学	川合　茂・和田　清・神田佳一・鈴木正人共著		近刊
7.（5回）	水理学	日下部重幸・檀　和秀・湯城豊勝共著		近刊

以下続刊

1．シビルエンジニアリングの第一歩　澤・荻野・奥村・角田・川合・嵯峨・西澤共著
防災工学　渕田・塩野・檀・疋田・吉村共著
環境衛生工学　大久保・奥村共著
情報処理入門　西澤・豊田・長岡・廣瀬共著
施工管理学　友久・竹下共著
海岸工学　平山・島田・辻本・本田共著
鋼構造学
測量学
5．構造力学 II　嵯峨・武田・原・勇共著
都市計画　亀野・武井・平田共著
環境保全工学　和田・奥村共著
建設システム計画　荻野・大橋・野田・西澤・鈴木共著
建設材料　中嶋・角田・菅原共著
環境都市製図
交通システム工学
景観工学

定価は本体価格+税です。
定価は変更されることがありますのでご了承下さい。

図書目録進呈◆

シリーズ　21世紀のエネルギー

（各巻A5判）

■（社）日本エネルギー学会編

			頁	本体価格
1.	21 世紀が危ない — 環境問題とエネルギー —	小島紀徳著	144	1700円
2.	エネルギーと国の役割 — 地球温暖化時代の税制を考える —	十市　勉 小川芳樹共著 佐川直人	154	1700円
3.	風と太陽と海 — さわやかな自然エネルギー —	牛山　泉他著	158	1900円
4.	物質文明を超えて — 資源・環境革命の21世紀 —	佐伯康治著	168	2000円

以下続刊

Cの科学と技術　白石・大谷／京谷・山田共著

深海の巨大なエネルギー源　— メタンハイドレート —　奥田　義久著

電池のしくみ　萩原　明房著

エコロジーカー　山本　隆司著

ごみゼロ社会は実現できるか　堀尾　正靭著

定価は本体価格+税です。
定価は変更されることがありますのでご了承下さい。

図書目録進呈◆

地学のガイドシリーズ

（各巻B6判）

配本順	書名	編著者	頁	本体価格
0.（5回）	地学の調べ方	奥村　清編	288	2200円
1.（15回）	改訂神奈川県　地学のガイド	奥村　清編	282	2200円
2.（27回）	新・千葉県　地学のガイド	浅賀正義編	336	2700円
3.（3回）	茨城県　地学のガイド	蜂須紀夫編	310	2400円
4.（26回）	新版埼玉県　地学のガイド	県地学教育研究会編	308	2500円
5.（6回）	愛知県　地学のガイド	庄子士郎編		改訂中
6.（31回）	改訂長野県　地学のガイド	降旗和夫編	288	2600円
7.（8回）	広島県　地学のガイド	編集委員会編		品切
8.（9回）	宮崎県　地学のガイド	県高校教育研編	196	1600円
9.（10回）	三重県　地学のガイド	磯部　克編	258	2200円
10.（11回）	香川県　地学のガイド	森合重仁編	230	2000円
11.（12回）	岡山県　地学のガイド	野瀬重人編	260	2200円
12-1.（32回）	改訂滋賀県　地学のガイド(上)	県高校理科教育研編		近刊
12-2.（33回）	改訂滋賀県　地学のガイド(下)	県高校理科教育研編		近刊
13.（29回）	新版東京都　地学のガイド	編集委員会編	288	2600円
14.（16回）	続千葉県　地学のガイド	編集委員会編	300	2200円
15.（17回）	山口県　地学のガイド	山口地学会編	324	2400円
16.（18回）	福島県　地学のガイド	編集委員会編	268	2000円
17.（19回）	秋田県　地学のガイド	宮城一男著	178	1600円
18.（20回）	愛媛県　地学のガイド	永井浩三編	160	1300円
19.（21回）	山梨県　地学のガイド	田中　収編著		改訂中
20.（22回）	新潟県　地学のガイド(上)	天野和孝編著	268	2200円
21.（28回）	新潟県　地学のガイド(下)	天野和孝編著	252	2200円
22.（23回）	鹿児島県　地学のガイド(上)	鹿児島県地学会編	192	1900円
23.（24回）	鹿児島県　地学のガイド(下)	鹿児島県地学会編	162	1800円
24.（25回）	静岡県　地学のガイド	茨木雅子編	190	2000円
25.（30回）	徳島県　地学のガイド	編集委員会編	216	1900円

以下続刊

青森県　地学のガイド　　福岡県　地学のガイド　　高知県　地学のガイド

定価は本体価格+税です。
定価は変更されることがありますのでご了承下さい。

図書目録進呈◆